Bachler Fritz

Der Jäger im Kaisertal

Hans Mocharitsch und Gerhard Beck-Hochfellner

2023 Hans Mocharitsch und Gerhard Beck-Hochfellner

Fotos: Hans Mochartisch, Helmuth Breidler und Gerhard Beck-Hochfellner

Umschlaggestaltung: Gerhard Beck-Hochfellner

Druck und Vertrieb im Auftrag der Autoren: Buchschmiede von Dataform Media GmbH, Wien

www.buchschmiede.at – Folge deinem Buchgefühl

ISBN:

978-3-99152-141-9 (Softcover)

978-3-99139-946-9 (Hardcover)

978-3-99139-947-6 (E-Book)

Printed in Austria

Inhaltsverzeichnis

Vorwort von Hans Mocharitsch

Es war Sonntag, der 14. November 2021. Ich saß beim Küchentisch in meiner zweiten Heimat in Klagenfurt, als mich folgender Anruf erreichte:

Mein jahrzehntelanger Freund Fritz Bachler war verstorben! Ich bekam Tränen in den Augen. Ich sinnierte, dachte nach, war momentan sprachlos und extrem bestürzt!

Warum schreibe ich das – was habe ich damit zu tun? Fritz und ich waren seit den 60er Jahren eng befreundet; als wir uns kennenlernten, waren wir beide noch Kinder.

Seit dem Pensionsantritt von Fritz trafen wir uns jeden Dienstag vormittags in seinem liebevoll eingerichteten Häuschen in Glarsdorf, einem Ortsteil der Gemeinde Kammern im Liesingtal. Er konnte außerordentlich gut kochen und lud mich regelmäßig zum Mittagessen ein.

Wir tranken gelegentlich auch ein Gläschen Wein oder Bier. Bei einem dieser Treffen entstand der Gedanke, ein Buch über das ereignisreiche Berufsjägerleben von Fritz zu verfassen. Das wurde verwirklicht und ging so vor sich: Fritz erzählte - und ich schrieb mit. Ich verfügte über die notwendige Infrastruktur, um die Erzählungen und Berichte zu dokumentieren und in den Computer zu übertragen. Jeden Dienstag wurde also ein Kapitel ausführlich besprochen und niedergeschrieben. Das begann im Februar 2021 und wir waren mit den Aufzeichnungen Ende Oktober 2021 beinahe fertig, als mich in Klagenfurt unvorbereitet die Todesnachricht erreichte. Ich war nicht nur traurig – ich war fassungslos.

Das Manuskript lag vor, aber was sollte ich damit tun? Es blieb alles liegen, bis mich ein Jahr später der Anruf eines Freundes von Fritz, Gerhard Beck-Hochfellner, erreichte. Er hatte bei der Tochter von Fritz nach dessen Tod durch Zufall noch einmal das Manuskript in die Hände bekommen und war der Meinung, dass es im Sinne des Verstorbenen, wie ursprünglich geplant, in Buchform veröffentlicht werden sollte.

Mein ursprüngliches Vorwort für das geplante Buch war bereits fertig und auch mit Fritz akkordiert. Ich bringe hier daher den folgenden Auszug daraus:

Der Berufs(ober)jäger Fritz Bachler ist eine faszinierende Persönlichkeit. Er sorgt auf vielen Stammtischen nicht nur in der Jägerschaft, sondern in weiten Teilen unseres Landes für spannende Diskussionen. Irgendwer kann immer eine interessante Geschichte aus seinem Leben erzählen. Sei es, ob man sie selbst erlebt oder aus Erzählungen anderer gehört hatte. Höchste Politiker aller Parteien gingen bei ihm ein und aus. Besonders zu erwähnen in diesem Zusammenhang sind die beiden Landeshauptleute Dr. Jörg Haider und Mag. Franz Voves. Mit letzterem und dessen Gattin verbindet ihn bis heute eine gute Freundschaft. Aber nicht nur Politiker waren seine Gäste. Ganz normale Leute vom Schichtarbeiter bis zum Industriellen und Adeligen gingen bei ihm aus und ein. Er stellte nie eine Frage nach der politischen Orientierung. Man fragt sich, was führte zur Beliebtheit dieses Mannes? Einige Charaktereigenschaften sollen hier im Vorwort seiner Erinnerungen deshalb nicht unerwähnt bleiben.

Seine Kontaktfreudigkeit und damit verbunden auch seine Gastfreundschaft sind außergewöhnlich. Seinen Ordnungssinn mag mancher Gast als übertrieben angesehen haben, zeichnete ihn aber auch in seinem Beruf besonders aus. Es muss im Haus immer alles perfekt sein, so auch in seinem Jagdrevier und bei den Reviereinrichtungen. Schlamperei hasst er. Natürlich war und ist er auch heute noch extrem hilfsbereit. Über seine sportlichen Erfolge berichtet er einiges in diesem Buch. Anzumerken ist, dass er bei seinen jahrelangen und erfolgreichen sportlichen Bewerben unglaublich viele Leute kennengelernt hat. Damit ist auch leicht erklärbar, warum er außerordentlich bekannt ist und viele Freunde im ganzen Land hat. Er hat zwar eine sehr laute Stimme, der man aber immer wieder gerne zuhört, da immer etwas Lustiges oder Spannendes erzählt wird. Ein Streit mit ihm ist sinnlos, er setzt sich durch. Nicht zu vergessen ist die jahrzehntelange Treue zum Betrieb Mayr-Melnhof. Er setzte sich so ein, als wäre er selbst der Besitzer dieses außerordentlich großen Gutsbetriebes.

Man findet eine derart verantwortungsvolle und loyale Einstellung zum Arbeitgeber wirklich selten!

Das Buch von Fritz Bachler gliedert sich in zwei Teile. Im ersten Teil wird, wie schon der Titel sagt, seine Heimat, die „Reitingheimat“, ausführlich beschrieben. Ein wunderschöner Landstrich im Bezirk Leoben zwischen Trofaiach und dem Liesingtal.

Im zweiten Teil beschreibt Fritz Bachler sein Leben ausgehend von der Kindheit und Schulzeit in Seiz/Kammern und Trofaiach. Anschließend an die Schulzeit folgte seine Lehrzeit als Jägerlehrling. Zahlreiche berufliche Schritte und Erlebnisse als Berufsjäger bis hin zur Pensionierung werden von ihm hier dargestellt. Geboren im Jahr 1954 als Sohn des Ehepaares Fritz und Sieglinde Bachler wuchs er im Revier „Kaisertal“ am Fuße des Reitings gemeinsam mit seiner Schwester auf. Sein Vater war dort Berufsjäger im Betrieb von Franz Mayr-Melnhof-Saurau. Seine Mutter betrieb eine kleine Landwirtschaft.

Eine über 50-jährige Freundschaft und zahlreiche gemeinsame Jagderlebnisse verbinden uns. Aus diesem Grund unterstützte ich ihn bei der Gestaltung dieses Buches.

Hans Mocharitsch

Vorwort von Gerhard Beck-Hochfellner

„…der Bachler Fritz“ - mit diesem Namen wurde ich bereits Jahre vor dem persönlichen Kennenlernen von Fritz Bachler konfrontiert, da man ihn immer wieder im Bekanntenkreis im Liesing- und Vordernbergertal, vor allem im Zusammenhang mit jagdlichen Angelegenheiten hörte.

Während meiner Dienstzeit als Exekutivbeamter in den Überwachungsrayonen Wald am Schoberpaß, Sankt Peter-Freienstein und schließlich Mautern im Liesingtal hatte ich mit Fritz Bachler des Öfteren zu tun. Sei es in meiner damaligen Funktion als Gendarmerie-Sportlehrer, wo wir uns mehrmals die Erlaubnis von Fritz Bachler als zuständigen Oberjäger einholten, unser Rayon ausnahmsweise auch per Mountainbike über die Forststraße durch das Kaisertal erkunden zu dürfen.

Oder sei es streng dienstlich, wenn Fritz Wildereien oder gar Sachbeschädigungen am Wildzaun und an baulichen Einrichtungen innerhalb seines jagdlichen Revieres zur Anzeige brachte. Und stets lud uns Fritz nach Begutachtung der angezeigten Sachverhalte vor Ort mit den Worten *„Hob´s eh´ an Hunger, kemmt´s eina auf a Jaus´n!“* in sein Jagdhaus im Kaisertal ein, wo dann eine ausführliche und oft lange andauernde Nachbesprechung stattfand.

Im Zuge meiner Erhebungen gegen einen gefährlichen Straftäter, der sich auf seiner Flucht vor der Polizei mit seinem Fahrzeug mitten in der Nacht direkt auf den Hof des Jagdhauses von Fritz Bachler verirrt hatte und dabei auch mit ihm selbst konfrontiert wurde, lernte ich Fritz dann besser kennen. Den besagten Straftäter konnten wir etwas später festnehmen – mit Fritz Bachler begann gleichzeitig aber eine sehr tiefgehende und bis zuletzt gepflegte Freundschaft.

Im Jahre 2017 absolvierte ich die Jagdprüfung und bin seitdem leidenschaftlicher Jäger in einer privaten Eigenjagd. Bis zu seinem Tod traf ich Fritz als meinen jagdlichen Mentor mindestens einmal wöchentlich, um mir wertvolle jagdliche Ratschläge von ihm zu holen oder mit ihm diverse Alltagsthematiken zu besprechen. Oder aber auch ganz einfach nur, um ihn zu besuchen und gemütlich ein Glas Wein mit ihm zu trinken. Fritz wusste dabei immer etwas zu erzählen. Und sehr oft traf ich dabei auch andere Freunde und Bekannte von Fritz, die bei ihm gleichzeitig mit mir zu Besuch waren.

Fritz hatte, obwohl er zweifellos, auch was seine Meinungsbildung betraf, ein gesundes Maß an Sturheit besaß, trotz allem eine weitblickende und offene Weltanschauung. Er war an allem, was in der Welt so passierte, sehr interessiert und stets kritisch. Er polterte manchmal und polarisierte, war nicht immer unbedingt ein Diplomat, gleichzeitig aber ein – heute würde man sagen –

ausgezeichneter Netzwerker, der über einen sehr großen überregionalen Bekanntenkreis im In- und Ausland verfügte.

Irgendwann während eines solchen Besuches erfuhr ich, dass er gemeinsam mit seinem langjährigen Freund Hans Mocharitsch an einem Buch über sein jagdliches Leben arbeitet. Da ich selbst zu diesem Zeitpunkt bereits Erfahrungen mit dem Verfassen und Verlegen von Büchern hatte, bot ich ihm meine Unterstützung an.

Hans Mocharitsch hatte die Schilderungen von Fritz Bachler fortwährend niedergeschrieben. Ich habe nun die Absicht von Fritz, sein Buchprojekt durchzuführen, nach seinem Tod wieder aufgegriffen, das bereits bestehende Skriptum nach ständiger Absprache mit Hans Mocharitsch und Sabine Bachler, der Tochter von Fritz, inhaltlich und formell überarbeitet sowie inklusive der Covergestaltung schließlich in Buchform finalisiert.

Obwohl Fritz Bachler inzwischen leider völlig unerwartet und viel zu früh verstorben ist, lassen wir ihn in seinem Buch von seinem Leben erzählen, ganz so, als ob er noch unter uns weilen würde! Aus diesem Grunde wurden seine ursprünglich verwendeten Formulierungen auch nicht verändert!

Ich bin genauso wie seine Tochter Sabine auch der Meinung, dass sich Fritz über die Fortführung und nun endgültige Verwirklichung seines Werkes sicher freuen wird!

Seine einzigartige Gastfreundschaft, sein stark ausgeprägter Gerechtigkeitssinn, seine überaus kräftige Stimme und wortgewaltige Ausdrucksweise, seine direkte und manchmal undiplomatische Geradlinigkeit, sein unerschöpfliches Wissen über das Jagdwesen, gleich einem lebendigen jagdlichen Lexikon, und sein sehr auf die Jagd begründetes und ausgerichtetes Leben – das war für mich „...der Bachler Fritz".

Gerhard Beck-Hochfellner

Die Reitingheimat

Der Reiting

Das Reitinggebiet ist der südlichste Teil der Eisenerzer Alpen. Charakteristisch für die östlichen Kalkalpen ist der steile Aufstieg in die Gipfelregion und die dort anschließenden dolinendurchsetzten und eher flachen Hochalmen. Man findet dort blumenreiche Almböden, die vor allem die Touristen erfreuen und den zahlreichen Gämsen und Steinböcken als Äsungflächen dienen. Dies ist auch am Reiting so. Zwischen Grieskogel und Gößeck in einer Höhe von rund 2.000 m befinden sich nach steilem Aufstieg diese sanften Almen. Nördlich davon befinden sich steil abfallende Felslandschaften hinunter bis in die Reitingau und den Trofaicher Gößgraben.

Der Reiting-Gebirgsstock besteht aus mehreren Gipfeln. Die höchste Erhebung ist der weit sichtbare Hauptgipfel, das Gößeck mit einer Seehöhe von 2.214 m. Am Gipfel befindet sich ein markantes Gipfelkreuz, welches von der Katholischen Jugend aufgestellt wurde. Das Gößeck ist übrigens der höchste Gipfel der Eisenerzer Alpen. Weitere Gipfel sind der Grieskogel (2.148m) die Kahlwandspitze (2.049m) und der Klauen (1.849m).

Dieses abgeschlossene Gebirge erstreckt sich über eine Fläche von rund 10.000 ha und ist von weiten Teilen des Bezirkes Leoben aus rundum gut sichtbar. So auch von der Bezirksstadt Leoben, von der Stadt Trofaiach, vom Liesingtal und der Autobahn A-9, welche durch das Liesingtal führt. Die Schneefallgrenze bzw. die Schneedecke kann man von diesen Orten und der weiten Umgebung aus im Herbst am Reiting kontinuierlich sinken und im Frühjahr steigen sehen. Der größte Teil dieses Gebirgsstockes ist im Besitz der Familie Mayr-Melnhof.

Geschichtliche Details

Das teilweise durch Eisen angereicherte Kalkgestein geht auf 500 Millionen alte Meeresablagerungen zurück. In den am Fuße des Reitings gelegenen Gemeinden Gai und Kammern wurde bereits im Mittelalter Eisenerz abgebaut. Die angrenzenden Wälder lieferten das für die Eisengewinnung erforderliche Holz.

Woher stammt der Name „Kaisertal“? Im Internet – Wikipedia – findet man die folgende Antwort – ich zitiere:

„Der Reiting ist seit Jahrhunderten ein bekanntes Jagdgebiet. Im Jahr 1728 fand am Reiting eine große Treibjagd auf Gämsen statt, zu welcher der damalige Landeshauptmann Weikhard Reichsgraf Breuner Kaiser Karl IV., seine Frau und den Hofstaat eingeladen hatte. Als Herr von Schloss Ehrnau bei Mautern besaß Breuner ein Jagdrevier. Das Wild war schon Tage zuvor

von Jägern und Bauern zusammengetrieben und dann vor die kaiserlichen Jagdstände gehetzt worden. Im August 1748 arrangierte Landeshauptmann Carl Adam Reichsgraf Breuner, der Sohn von Carl Weikhaard, abermals eine solche Treibjagd zu Ehren Kaiser Franz Stephans. Am 10. Juli 1765 auf der Reise nach Innsbruck machte der Hof Station in Leoben und Breuner lud die kaiserliche Familie abermals zur Gamsjagd ein. Neben dem Kaiser nahmen auch seine beiden Söhne, die nachmaligen Kaiser Joseph II. und Leopold II. teil. Der „Graben", in dem diese Treibjagden stattgefunden haben, wurde Kaisertal genannt."

Der Reiting, ein Blumenberg

Für seine reichhaltige Flora ist der Reiting als „Blumenberg" bekannt. Über siebzig Orchideenarten wachsen hier. Im Frühsommer, unmittelbar nach der Schneeschmelze, entwickeln sich die Almböden zu weitläufigen Blumenwiesen. Während der Schneeschmelze im Frühjahr, also ab Mitte März und im April, findet man bereits Schneerosen und Erika. Zu den ersten Blüten, die hier auch in den etwas tiefer gelegenen Felsen vorhanden sind, zählen die Küchenschellen – im Volksmund „Gogolanzen".

Etwas später verwandeln vor allem Petergstamm und Enzian die Almen in ein blaugelbes Blumenmeer. Mitte bis Ende Juni kommt der purpurrote Almrausch dazu und bildet in den Latschenfeldern eine wunderbare Fotokulisse. Auch Kohlröschen und Edelweiß blühen hier. Man kann also davon ausgehen, dass sich auch das Wild – im Wesentlichen das Gams-, Rot- und Steinwild - auf diesen saftigen und blumendurchsetzten Almen wohl fühlt.

Die Vorlagen – von Trofaiach bis Mautern

Wie ich schon berichtet habe, ist der Reiting ein steil aufsteigender Gebirgsstock. Am Fuße dieses Gebirges befindet sich ein wunderschöner Landschaftsstreifen. Wir nennen diesen Landstrich „die Vorlagen“. Diese reichen von Trofaiach bis Kammern und von dort weiter bis Mautern. Es ist dies eine vom Reiting-Bergwald sanft bis zur Landes- und Bundesstraße abfallende Wiesen- und Waldlandschaft.

Bewirtschaftet werden diese Flächen von den dortigen Landwirten. Im Zentrum der Reitingheimat befinden sich die Ortschaften Schardorf und Gai. Sie gehören zur Stadtgemeinde Trofaiach. Weitere, vorwiegend durch Landwirtschaft geprägte Siedlungen in dieser Gegend sind Edling, Gimplach, Mochl, Dirnsdorf und Glarsdorf. Auch Seiz und Kammern kann man dazuzählen. Hier befinden sich auch schon Gewerbe- und kleinere Industriebetriebe.

In meiner Jugend bestanden diese Dörfer fast ausschließlich aus Bauerngehöften. Das hat sich im Lauf der letzten Jahrzehnte insofern geändert, als dass landwirtschaftliche Flächen zu Bauland umgewidmet wurden. Die Folge davon war der Bau von zahlreichen Wohnhäusern rund um die Ortschaften.

Die landschaftliche Schönheit ist aber im Großen und Ganzen trotzdem erhalten geblieben. Die großen Wiesen sind immer wieder von kleinen Wäldern unterbrochen. Sie dienen vor allem dem Rehwild sowie diversem Kleinwild und Vögel als Einstand und Brutgebiet. Auch Teichanlagen befinden sich in diesem Gebiet. Dies führt zum Verweilen von verschiedensten Zugvogelarten, die hier auf dem Weg von und nach Afrika „Zwischenlandungen" zum Ausrasten einlegen. Ich konnte beispielsweise etwa fünfzig Weißstörche und rund zwanzig Schwarzstörche gleichzeitig bestätigen! Verschiedenste Enten- und Reiherarten können hier auch beobachtet werden. In den letzten Jahren sind Wildschweine dazugekommen. Diese müssen intensiv bejagt werden. Sie vermehren sich sehr rasch und können in den landwirtschaftlichen Kulturen große Schäden verursachen.

Alles im allem - diese liebliche Landschaft bildet einen großen Teil der Reitingheimat. Es ist ein Privileg, hier geboren zu sein und als Berufsjäger arbeiten zu dürfen. Ich hatte eine schöne Zeit und bin dem Schicksal dafür sehr dankbar!

Wege auf den Reiting

Die Ausgangspunkte für Reitingtouren und Wanderungen befinden sich hauptsächlich in den Vorlagen. Die am häufigsten frequentierten Steige führen von Schardorf aus auf den Reiting. Aufstiegsmöglichkeiten gibt es aber auch vom Kaisertal, Kammern und Mautern im Liesingtal.

Die Wege von Schardorf

Hier eine kurze Beschreibung: Man fährt nach Schardorf und dort vorbei am Hotel Reitingblick in Richtung des Gebirgsstockes. Beim Anwesen „Zeller" steht ein Parkplatz zur Verfügung. Es ist dies jedoch nur eine zum Bauernhof gehörige kleine Weide. Der Landwirt erlaubt das Parken auf seinem Grund. Es ist dafür eine Parkgebühr von einem Euro in eine dort angebrachte Kassa einzuwerfen. Man darf dafür den ganzen Tag parken.

Hier beginnt die Wanderung auf den Reiting. Man geht die Forststraße bergwärts bis zum Ende dieser Straße. Hier befindet sich eine große Trinkwasser-Quellfassung für die Ortswasserversorgung der umliegenden Ortschaften. Links hinter dieser Anlage beginnen zwei Steige.

Es stehen nun folgende Aufstiegsvarianten zur Verfügung: Der rotweißrot markierte und offizielle Steig führt, zuerst leicht, später jedoch stark steigend, aufwärts durch den Bechlgraben in die Gipfelregion.

Der zweite Steig – auch Reitsteig genannt – führt durch einen Hochwald links hinauf. Nach etwa zwanzig Minuten erreicht man den Wildzaun.

Kurz hinter dem Wildzaun teilt sich dieser Steig in den nach links westwärts führenden Reitsteig und rechts in den in Serpentinen steil aufwärts führenden Rumplecksteig.

Der Aufstieg über den Rumplecksteig

Wie erwähnt, hinter dem Wildzaun beginnt rechts bergwärts der Rumplecksteig in die Gipfelregion. In einer Seehöhe von rund 1.700 m kommt man zum Rumpleck. Man kommt kurz davor an einer aufgelassenen Jagdhütte – der Rumpleckhütte - vorbei. Daher kommt auch der Name des Steiges. Dieser wird oft fälschlicherweise jedoch als Reitsteig bezeichnet.

Von dort geht es über die Mitteralm weiter bergauf. Man erreicht nach einem Aufstieg von drei bis vier Stunden das Wildfeld. Es ist dies eine dolinendurchsetzte Hochfläche, vor dem Grat zwischen Grieskogel und Gößeck. Rechts sieht man bereits das Gößeck. Es sind noch rund einhundert Höhenmeter zu bewältigen.

Man überquert bei diesem Aufstieg wunderbare und blumenreiche Almwiesen. In diesem wildreichen Gebiet kann man immer wieder zahlreiche Gämsen und Steinböcke, aber auch Murmeltiere, Greifvögel und Hahnen (Rauhfußhühner) beobachten.

Kurz vor dem Grat, also im Wildfeld, vereinigt sich dieser Steig wiederum mit dem markierten Steig, welcher vom Ausgangspunkt durch den Bechlgraben auf den Reiting führt. Es bietet sich für Gößeckgeher daher ein Rundweg an. Aufstieg durch den Bechlgraben – Abstieg über die Mitteralm, das Rumpleck und den

Reitsteig. Natürlich kann man diesen Rundweg auch umgekehrt durchwandern.

Links befindet sich der Gipfel des Grieskogels und rechts sieht man bereits den Gipfel und das Gipfelkreuz am Gößeck.

Der Aufstieg über den Reitsteig

Nach Überstieg des Wildzaunes führt dieser Steig links westwärts weiter zur Resthütte, die sich rund fünfzig Meter unterhalb des Restriedels befindet. Der Restriedel liegt in einer Seehöhe von rund 1.800 m und ist für Jäger ein wunderbarer Aussichtspunkt zur Beobachtung des Wildes auf zahlreichen Almen in weitem Umkreis.

Die Resthütte ist nach wie vor in einem guten baulichen Zustand und wird von Jägern und Jagdgästen der Mayr-Melnhof´schen Forstverwaltung genutzt.

Der Name „Reitsteig“ geht auf die Zeit nach dem zweiten Weltkrieg zurück. Die Herrschaft, also die Familie Mayr-Melnhof und deren Gäste, sind bis Anfang der 2000er Jahre noch mit Pferden auf den Reiting zur Hirsch- und Steinbockjagd geritten. Auch die Jagdverpflegung und das nötige Equipment wurde mit „Mulis“ über den Reitsteig zur Hütte gebracht. Für Pferde gibt es auch heute noch den Pferdestall neben der Hütte.

Die Gutsbesitzer sind meistens während der Hirschbrunft im September zur Jagd angereist. Die Termine wurden mir als zuständigen Berufsjäger vorher mitgeteilt. Die Hütte musste geputzt und alles auf Hochglanz gebracht werden. Auch der Reitsteig und weitere Pirschsteige im Jagdgebiet wurden gereinigt und ausgeschnitten. Wenn die Herrschaft angekündigt war, herrschte natürlich eine gewisse Nervosität.

Ich musste Tage voraus nach jagdbaren Hirschen auf den verschiedenen Almen Ausschau halten. Das war insofern nicht ganz einfach, da die Abschusshirsche von der Hegegemeinschaft Wildfeld zum Erlegen freigegeben werden mussten. Die Abschusshirsche sollten mindestens zehn Jahre oder älter sein. Man kannte die Hirsche auf Grund jahrelanger Beobachtung, musste sie jedoch auf den weitläufigen Almen während der Hirschbrunft suchen. Diese “Erntehirsche“ hatten zum großen Teil einen Namen – z.B. Hubertus, Mars, Hans etc. Im zweiten

Teil dieses Buches gehe ich näher auf diese meine jagdlichen Aufgaben ein.

Es ist von der Resthütte bzw. dem Restriedel auch möglich, weiter in die Gipfelregion des Reitings aufzusteigen. In unmittelbarer Nähe beginnt das Bärental. Dieses Tal führt zwischen der Kahlwandspitze und dem Grieskogel bis zum Grat. Hier findet man wiederum eine wunderbare Flora vor. Natürlich ist auch der Wildreichtum in diesem weniger begangenen Teil des Revieres „Kaisertal" erwähnenswert.

Am Grat trifft man zuerst auf den Steig, welcher von Kammern über den Klauen und weiter hinter der Kahlwandspitze heraufführt. Nach kurzer Wanderung über die Hochebene des Wildfeldes trifft man wiederum auf den Rumplecksteig und den markierten Steig, der durch den Bechlgraben von Schardorf direkt in die Gipfelregion hinaufführt. Von hier sieht man bereits das Gößeck. Ein kurzer Anstieg ist zum Gipfel jetzt noch erforderlich.

Der Aufstieg durch das Kaisertal

Auf der Landesstraße von Seiz kommend ist links in Richtung Dirnsdorf abzubiegen. Kurz vor Dirnsdorf biegt man rechts in die Kaisertalstraße ab. Von hier gelangt man nach ca. eineinhalb Kilometer zum Beginn des Kaisertales. Es gibt hier nur wenige Parkmöglichkeiten. Man müsste sich mit dem Jagdpersonal oder den bäuerlichen Grundbesitzern betreffend Abstellen des Fahrzeuges einigen.

Etwa einhundert Meter hinter dem Wildzaun beginnt links der markierte Steig ins Kaisertal und verläuft dann weiter auf den Reiting. Anfangs geht's noch gemächlich durchs Tal bergauf – je weiter man jedoch kommt, desto schroffer und steiler wird dieser Weg. Er ist vom Alpenverein als „schwarzer Weg" klassifiziert. Im oberen Teil in Richtung des Grates ist dieser Steig ausgesetzt und daher nicht ungefährlich. Er sollte daher nur von geübten und trittsicheren Personen mit entsprechender Ausrüstung begangen werden.

Der Aufstieg von Kammern

Vom Ortszentrum in Kammern führt ein rotweißrot markierter Steig auf den Reiting und über diverse Höhen und Gipfel hinauf bis zum Gößeck. Dies ist sicherlich der längste Weg. Es ist eine Tagestour, denn man benötigt allein für den Aufstieg vier bis sechs Stunden. Der Weg führt auf die „Ruprechtin", die erste Alm oberhalb der Waldgrenze. Von dort weiter entlang des Grates über den Klauen, die Kahlwandspitze und hinter dem Grieskogel vorbei, weiter über die „Gößeckleiten" bis zum Gipfel des Gößecks. Auf Grund der großen Entfernung ist dies eine sehr kräfteraubende Wanderung. Wanderverpflegung - hauptsächlich aber ausreichend Getränke - sollte unbedingt mitgenommen werden!

Man wird hier von der landschaftlichen Schönheit, dem Blumen- und Wildreichtum reichlich belohnt.

Es ist von Kammern auch möglich, über eine Forststraße bis zur ehemaligen Rammel- und Bergwachthütte zu wandern. Nach dem Bau dieser Straße wurde die Rammelhütte abgetragen. Sie diente uns Jäger früher als Übernachtungspunkt für Jagden in diesem Revierteil. Die Bergwachthütte ist jedoch noch vorhanden. Sie diente auch dem Almhalter zur Übernachtung. Vor einigen Jahren wurden über den Sommer noch Jungrinder und Ochsen aufgetrieben.

Vor der Bergwachthütte befindet sich ein Aussichtspunkt über zahlreiche Almen im Reitinggebiet. Hier befindet sich auch eine der wenigen Quellen. Man könnte hier also den Wasservorrat noch einmal auffüllen.

Nun gelangt man nach kurzem Aufstieg wiederum auf die „Ruprechtin" und auf den markierten Steig in Richtung Gößeck.

Der Aufstieg von Mautern

Direkt vom Ortszentrum Mautern führt eine Straße in die Zidritz. Man kommt dort an die Hinterseite – also die nordwestliche Seite des Reitingstocks. Unterhalb des Gehöftes Klock befindet sich ein kleiner Parkplatz in einer Seehöhe von 980 m. Von hier geht es entlang einer Forststraße bergwärts bis zum Wildzaun. Nach einer Linkskurve geht es steil bergauf zur Schneideralm in einer Seehöhe von 1.230 m. Von dort führt der Wanderweg teilweise steil bergauf über die Kaiseralm und weiter durch den Wald zum Klauen – Seehöhe 1.849 m.

Hier trifft man wiederum auf den Wanderweg, welcher von Kammern heraufkommt und weiter in Richtung Kahlwandspitze, Grieskogel und Gößeck führt.

Wild am Reiting

Man findet im Reitinggebiet sämtliche Wildarten, die in der Steiermark heimisch sind. Ausgenommen sind Niederwildarten wie beispielsweise Fasane oder Rebhühner.

Die Hauptwildart am Reiting ist das Rotwild. Es ist allgemein bekannt, dass die stärksten Gebirgshirsche der Steiermark, wahrscheinlich auch österreichweit, hier vorkommen. In den 60er und 70er Jahren des vorigen Jahrhunderts lebten am Reitingstock und in den angrenzenden gegenüberliegenden Gebieten der Hohen Lins, des Wildfeldes und der Moosalm, noch bis zu 3.000 Stück Rotwild. Das ist heute leider nicht mehr so – das Rotwild wurde ganz stark reduziert. Aber einige hundert Stück sind noch immer vorhanden und anzutreffen. Das Rotwild ist im Gegensatz zum Gams- und Steinwild sehr scheu. Man sieht diese Rudel nur am frühen Morgen oder in der späten Abenddämmerung.

Die Hirschbrunft in der Reitingheimat – speziell aber im Revier Kaisertal – ist ein außerordentliches Erlebnis! Man kann das Röhren der Hirsche von den Almen bis ins Tal hören. Bei frühen Wintereinbrüchen mit Schneefällen am Reiting verlagert sich das Brunftgeschehen weiter ins Tal. Auf den Wiesen im Kaisertal rund um das Jagdhaus konzentriert sich dann das Wild. Die Brunftschreie und Kämpfe der Hirsche kann man dort hautnah miterleben.

Das Gamswild stellt für Wanderer einen willkommenen Anblick dar, da man es überall auch tagsüber am Berg antrifft. Es waren in meiner Zeit als Berufsjäger insgesamt mehrere hundert Stück. Ich höre jedoch, dass sich diese Zahl auf Grund einer Seuche und intensiver Bejagung sehr stark verringert hat.

Zahlreiche Steinböcke tummeln sich auf den verschiedenen Almen. Diese sind beinahe zahm und deshalb auch begehrte Fotomotive. Die Steinböcke wurden erst Anfang der 70er Jahre am Reiting angesiedelt. Es wurden im Gebiet Hochlantsch dreißig Steinböcke und Geißen eingefangen und ins Reitinggebiet übersiedelt. Sie fühlen sich dort wohl und haben sich prächtig vermehrt. Die Population hat sich ausgedehnt – heute kann man Steinböcke auch am benachbarten Reichenstein antreffen. Es werden jährlich nur wenige Stücke jagdlich entnommen.

Die vorangeführten Wildarten sind am häufigsten anzutreffen. Aber nicht ausschließlich, auch Rehe kommen im Hochgebirge vor. Besonders interessant sind die sogenannten „Latschenböcke“ und deren Geißen, die nur vereinzelt vorkommen und die strengen Bergwinter überlebt haben. Ansonsten sind zahlreiche Rehe in den tieferliegenden Revierteilen und in den Vorlagen anzutreffen.

Murmeltierkolonien sind natürlich auch vorhanden. Die Murmeltiere – in der Waidmannsprache Bären, Katzen und Affen genannt - sind fotogen und mit etwas Geduld kommt man zu ganz interessanten Aufnahmen.

Die verschiedenen Rauhfußhühner-Arten kommen auch vor. Es sind dies die Auer-, Birk- und Haselhahnen sowie Stein- und Schneehühner. Mit etwas Glück kann man auch Steinadler zu Gesicht bekommen. Füchse, Dachse und Marder braucht man nicht extra erwähnen, diese sind natürlich auch da. In den letzten Jahren wurde sogar ein Wolf mehrmals gesehen, fotografiert und somit bestätigt. Es wird vermutet, dass die starke Verringerung des Gamswildbestandes in den letzten Jahren auch teilweise auf den Wolf zurückzuführen ist.

Vor zwei Jahrzehnten gab es sie hier noch nicht – Wildschweine! Sie sind im Reitingmassiv jetzt jedoch häufig anzutreffen. Deren Anwesenheit wird von Jägern auf Grund Ihrer Fährten oder umgegrabener Almböden bestätigt. Sie sind schlau und gescheit. Es sind Nachttiere – nachtaktiv - daher tagsüber kaum zu sehen und deshalb auch schwer zu bejagen! Trotzdem wird hin und wieder ein Wildschwein erlegt. In den letzten Jahren haben sich die „Schwarzkittel", wie sie in der Waidmannssprache auch genannt werden, in der Reitingheimat ganz stark vermehrt. Sie fügen den Bauern in der Vorlage starke Schäden zu. Die Wiesen werden bei der Suche nach Engerlingen von den Wildscheinen regelrecht „umgedreht". Auch in den Maisfeldern werden zunehmend Schäden registriert.

Alles in allem – das Reitinggebiet zählt sicher zu den wildreichsten Gebieten, nicht nur in der Steiermark, sondern in ganz Österreich.

Fremdenverkehr in der Reitingheimat

Dieses landschaftlich sehr schöne Gebiet wurde auch für den Fremdenverkehr entdeckt. In Schardorf steht den Urlaubern und Gästen das Hotel und Restaurant „*Reitingblick*“ der Familie Stegmüller zur Verfügung. Unweit von diesem bekannten Betrieb befindet sich ein 18-Loch Golfplatz. Der Golfplatz verfügt auch über ein Restaurant, welches den Touristen zur Verfügung steht. Diese beiden Infrastruktureinrichtungen laden viele Gäste aus dem In- und Ausland ein, hier einen Wander- oder auch Golfurlaub zu verbringen.

Ausflüge in den Tierpark „Der wilde Berg“ nach Mautern oder etwas weiter auf den Präbichl und ins Gesäuse bieten sich an. Sehr beliebt bei den Besuchern sind auch ausgiebige Sparziergänge in den Vorlagen am Fuße des Reitings. Die Möglichkeit, ausgedehnten Bergtouren auf den Reiting zu unternehmen, wurde bereits erwähnt.

Der Reiting ist in der Steiermark als „Blumenberg“ bekannt. Dies führt dazu, dass die Blütezeit der Almblumen vor allem im Frühsommer zahlreiche Touristen veranlasst, auf den Reiting zu wandern. Anschließend bietet sich das Hotel Reitingblick zur Einkehr oder zum Aufenthalt mit Übernachtung an.

Im Herbst findet die Hirschbrunft statt. Vor allem im naheliegenden Kaisertal kann man in den Morgen-, Abend- und

Nachtstunden das Röhren dieses edlen Wildes vernehmen. Ein einzigartiges Erlebnis, welches man hier von Mitte September bis Mitte Oktober genießen kann.

Im Winter sind für Geübte auch Skitouren im Reitinggebiet möglich. Wegen des sehr steilen Geländes darf die Lawinengefahr aber nicht unterschätzt werden. Es ist sogar meinem sehr erfahrenen Vater einmal passiert, dass er von einer Lawine mitgerissen wurde. Er wurde dabei glücklicherweise nicht schwer verletzt. Sein Jagdgast hatte sich dabei jedoch Knochenbrüche zugezogen. Die mitgeführten Jagdgewehre gingen dabei leider ebenso zu Bruch.

Die Bezirks- und Universitätsstadt Leoben ist nur wenige Kilometer entfernt. Leoben ist als kulturelles Zentrum und Einkaufsstadt, aber auch als Industriestadt bekannt.

Alles im allem – es lohnt sich, im Reitinggebiet den Urlaub zu verbringen. Auskünfte diesbezüglich erteilt auch das Büro des Tourismusverbandes „Erzbergland“ in der nahe gelegenen Stadt Trofaiach.

Der Golfclub in der Reitingheimat

Gleich vorweg – ich bin kein Golfspieler. Ich war Berufsjäger im Kaisertal, jedoch im weitesten Sinn auch Beobachter und Anrainer dieser Anlage. Meine Informationen zu dieser Anlage stammen daher teilweise aus dem Internet und vom Tourismusverband. Ich kam und komme auch heute noch oft am Golfplatz vorbei. Einige Gedanken halte ich daher hier fest.

Ich kannte den ursprünglichen Besitzer der Golfanlageflächen sehr gut. Er war auch Hobbyjäger und eine sehr umtriebige und beliebte Person in Schardorf. Er hat eines Tages große Teile seiner landwirtschaftlichen Flächen dem neu gegründeten Golfclub Trofaiach zur Verfügung gestellt. Das hat damals zwar für viele Diskussionen gesorgt, aber letztlich zu einem starken Anstieg des Fremdenverkehrs in der Reitingheimat geführt.

Was mir in diesem Zusammenhang besonders auffällt, ist die Ordnung und Pflege dieser Anlage. Man sagt mir nach, ich sei ein Ordnungsfanatiker. Hier konnte ich feststellen, dass ich sicherlich nicht der Einzige bin. Auch andere halten offensichtlich Ordnung!

Nun einige Worte zum Golfplatz. Ich zitiere aus dem Prospekt des Tourismusverbandes:

„Sehr gut gelegen, mitten im Herzen der Steiermark, befindet sich der 18-Loch Golfclub Trofaiach nur 8 km von der Autobahn A 9 - Ausfahrt Traboch entfernt.

Das sonnige Hochplateau ist umgeben von der bizarren Bergwelt der Eisenerzer Alpen.

Die großen Grüns sind umgeben von anspruchsvollen Bunkerlandschaften, wie sie oft nur auf internationalen Golfanlagen zu finden sind. Mit vielen Wasserbereichen und einem herrlichen Panorama zählt er sicher zu den Highlights jeder Golfersaison."

Im direkt an den Golfclub angeschlossenen Restaurant sind alle Gäste – ob Golfer oder Nichtgolfer – herzlich willkommen.

Das Hotel Reitingblick der Familie Stegmüller

Eine jahrzehntelange und sehr gute Freundschaft verbindet meine Familie mit den Stegmüllers. Ich bin seit meiner Jugend Gast beim „Stegerl Sepp". In den letzten Jahrzehnten habe ich auch den stetigen Aufwärtstrend des Hauses Stegmüller miterlebt. In den 60er-Jahren des vorigen Jahrhunderts gab es das Gasthaus Stegmüller mit angeschlossener Landwirtschaft.

Der Vater des heutigen Chefs begann mit dem Auf- und kontinuierlichen Ausbau dieses Betriebes. Heute steht der Bevölkerung und den Urlaubs- und Übernachtungsgästen ein 4-Sterne Hotel mit jeglichem, der Zeit entsprechenden Komfort zur Verfügung.

Hier ein Auszug aus der Werbung des Hotels:

„Gastlichkeit erleben! Bei uns erleben Sie grenzenlose Freiheit durch die einzigartige Lage, umgeben von den Bergen des HerzBergLandes, wie etwa dem Reiting, dem Eisenerzer Reichenstein und dem Wildfeld“.

„…dieser traditionelle Familienbetrieb liegt am Fuße des Reitings in der Zentralsteiermark nahe Leoben. Das Landhotel bietet gemütliche Zimmer und persönliche Betreuung durch die Familie Stegmüller und ihr Team. Im Winter führt eine Langlaufloipe direkt vorbei – der Golfplatz befindet sich nur 500 m entfernt“.

Räumlichkeiten für die verschiedensten Veranstaltungen sind natürlich auch vorhanden. Die ausgezeichnete Küche mit steirischen Schmankerln ist weit und breit bekannt. Die Familie Stegmüller freut sich auf zahlreichen Besuch.

Das Reitingwasser

Wenn man über den Reiting eine Dokumentation verfasst, darf auf das Wasser nicht vergessen werden. Wie schon erwähnt, besteht der Reitingstock aus Kalkgestein. Das Wasser versickert im Gebirge und es gibt daher am Berg selbst kaum Quellen, auch nicht in der Nähe der Wanderwege. Am Fuße des Reitings jedoch tritt das Wasser aus und so gibt es rund um den Berg zahlreiche Quellfassungen für die Wasserversorgung der verschiedenen Ortschaften. Beispielsweise werden die Stadt Trofaiach sowie die meisten umliegenden Orte wie Gai, Mochl, Dirnsdorf, Seiz und Kammern sowie etliche weitere kleinere Siedlungen mit Reitingwasser aus den ergiebigen Quellen versorgt. Auf die hervorragende Qualität und vor allem die Reinheit dieses Wassers muss nicht extra hingewiesen werden.

Mein damaliger Chef, Herr Baron Dr. Franz Mayr-Melnhof, hat veranlasst, die Quellen im Bereich des Mayr-Melnhof´schen Grundbesitzes auf deren Schüttung zu untersuchen. Es wurden in der Folge rund dreißig Quellen evaluiert. Davon werden sieben für die Wasserversorgung der angeführten Städte und Ortschaften genützt.

Für Reitinggeher ist es wichtig, genug Flüssigkeiten beim Aufstieg in die Gipfelregion mitzunehmen. Es gibt oben am Berg nichts zu trinken und es kann im Sommer auf den ausgedehnten Almen sehr heiß werden.

Der Wildzaun

Eine besondere Einrichtung von der Süd- bis zur Nordwestseite des Bergstocks ist der vierzig Kilometer lange „Wildabwehrzaun". Dieser reicht von Mautern bis Trofaiach und teilweise fast bis Vordernberg. Um auf die Almen des Reitings zu gelangen, ist dieser etwa zwei Meter hohe Zaun zu übersteigen. Er wurde bereits in den 50er Jahren des vorigen Jahrhunderts errichtet und hat den Sinn, das Rotwild von den landwirtschaftlichen Flächen in den Vorlagen abzuhalten. Dadurch werden Wildschäden an den Kulturen und an den Wäldern am Fuße des Reitings verhindert.

Die Instandhaltung dieses Zaunes stellt eine große Herausforderung für die Grundbesitzer dar. Der Zaun muss nach jedem Sturm kontrolliert werden. Es kam und kommt immer wieder vor, dass Bäume auf den Zaun fallen und diesen beschädigen oder sogar zerstören.

Die Zaunkontrolle ist im Winter bei hohen Schneelagen eine sehr anstrengende Tätigkeit. Ich musste dies im Lauf meiner Berufsjägertätigkeit häufig erledigen. Bei Feststellung einer Zaunbeschädigung wurde dies der Forstverwaltung gemeldet und das „Zaun-Team" wurde für die Reparatur angefordert. Dieses

Team bestand aus erfahrenen Zimmerleuten und Hilfsarbeitern mit der entsprechenden Ausrüstung. Auch für diese Leute war und ist es sehr anstrengend, mit dem Material (schwere imprägnierte Zaunsäulen, Drahtgeflecht etc.) und dem Werkzeug zu den oft schwer zugänglichen beschädigten Zaunstellen zu kommen.

Es ist trotz allem immer wieder vorgekommen, dass Rotwild in die Vorlagen gelangt ist. Es musste in der Folge intensiv bejagt werden, um Schäden zu verhindern. Dazu jedoch später mehr!

Berufsjäger von der Lehrzeit bis zur Pension

Kindheit und Jugend im Kaisertal

Ich beginne meine Erzählungen über meine Schulzeit und frühe Jugend im Kaisertal am Jagdhof Objekt „*Fürst*“ von Mayr-Melnhof. Mein Vater war hier seit 1951 der Berufsjäger, meine Mutter bewirtschaftete die an das Jagdhaus angeschlossene Landwirtschaft.

Ich erblickte das Licht der Welt im Jahr 1954. Meine Schwester war ein Jahr älter. Sie hieß gleich wie unsere Mutter – Sieglinde. Genannt wurde sie mit dem Kosenamen „*Susi* oder *Sus*“, so wird sie auch heute noch gelegentlich genannt. Wie es zu diesem Namen kam, weiß ich nicht. Sie wurde Lehrerin und unterrichtete bis zu ihrer Pensionierung in der Volksschule Hall bei Admont.

Meine Volksschulzeit begann im September 1960.

Die nächste Volksschule war in Seiz – Gemeinde Kammern im Liesingtal. Das Jagdhaus im Kaisertal war rund sieben Kilometer entfernt und befand sich in einer Seehöhe von 800 Höhenmetern. Ein Auto war nicht vorhanden, unsere Eltern waren sehr bescheidene Leute, aber der Vater verfügte über eine Dienstmaschine, ein Motorrad der Marke Jawa. Mit dieser konnte er uns natürlich nicht befördern, also blieb nichts anders übrig, als täglich mindestens eine Stunde zu Fuß in die Schule und natürlich auch zurück zu gehen.

Im Sommer, Frühjahr und Herbst war das kein Problem. Im Winter aber konnte es schon sehr anstrengend sein. Es gab damals noch strengere Winter mit hohen Schneemengen. Schneestürme in den Vorlagen unter dem Reiting waren keine Seltenheit. „*Heit waht´s wieder*", „*heit blost´s wieder*" oder „*heit staub´s wieder*" hieß es oft – jedoch mussten wir durch den Schneesturm in die Schule und retour gelangen. Manchmal konnte man vor lauter Schneewehen die Hand vor dem Gesicht nicht mehr sehen. Extrem kalt war es natürlich auch dann und wann.

Wir Kinder, anfangs im Alter von sechs Jahren, mussten früh aufstehen und uns teilweise in der Finsternis aufmachen, um rechtzeitig in die Schule zu kommen. Für uns war das ganz normal und wir beschwerten uns auch nicht darüber. Nach dem Unterricht machten wir uns wiederum am selben Weg zurück nach Hause auf. Der Rückweg war natürlich etwas anstrengender, da es ständig bergauf ging. Zuhause im Jagdhaus bei den Eltern angekommen, waren wir zwar müde, aber nicht unzufrieden.

Unsere Mutter hatte immer ein ordentliches und kräftiges Mittagessen vorbereitet und es ging uns eigentlich gut. So sind halt vier Jahre Volksschule ohne besondere Ereignisse an mir und auch meiner Schwester vorübergegangen.

Was mein Leben jedoch schon damals prägte war die Nähe zur Jagd. Ich erlebte im elterlichen Haus ja täglich das Ein- und Ausgehen von Jägern, Förstern, Jagdgästen, jagdlichem Hilfspersonal und Schichtlern. Viele Geschichten und Jagderlebnisse wurden in unserer Küche und Stube besprochen und diskutiert. Es fanden oft Feiern nach geglückten Jagdtagen statt. Es gab aber auch nicht immer nur lustige Geschichten - wenn zum Beispiel Nachsuchen erforderlich waren oder es manchmal zu Fehlschüssen gekommen war. Es passierte natürlich auch oft, dass die Jagd erfolglos verlaufen war. Auch das wurde erörtert – etwaige Fehler beim Anpirschen oder aber schlechter Wind konnten schon einmal schuld gewesen sein. Das ging mich als Kind zwar nichts an, aber ich habe vieles mitgehört und sozusagen *„aufgesaugt“*. Man darf nicht vergessen - es hat sich halt alles mehr oder weniger eben immer um die Jagd gedreht!

Woran ich mich im Zusammenhang mit Feiern, nicht nur nach geglückten Jagdtagen, auch noch erinnere - es wurde viel gesungen! Und zwar zahlreiche Jäger- bzw. Jagdlieder. Auch Volkslieder dieser Zeit, die man aber auch noch heute gelegentlich im Radio oder bei Musikveranstaltungen hört. Es gab keinen Fernseher – man saß am Abend in der Stube beisammen, musizierte und sang. Es war ein Idyll, fast wie aus einem Heimatfilm.

Ich wurde älter, die Geschichten und Erlebnisse haben sich wiederholt, bei mir eingebrannt und mein Interesse am Beruf des Jägers geweckt. Das hat sich verstärkt, als ich die Schule wechseln musste, um in Trofaiach die Hauptschule zu besuchen. Die Jagdlust in mir war in diesen Jahren erwacht, vielleicht auch in den Genen bereits vorhanden und je älter ich wurde, gab es für mich zunehmend keinen Zweifel mehr - ich wollte Berufsjäger werden!

Die Frau Gräfin Marie Goess-Saurau, Grundbesitzerin und Jagdherrin, war gelegentlich bei uns im Kaisertal, um sich nach unserem Befinden zu erkundigen. Auch zur Jagd kam sie immer wieder und legte großen Wert auf Tradition und Ordnung. Eine derart soziale Einstellung wie die ihre findet man heutzutage kaum wo mehr. Sie hatte auf mich ein Auge geworfen und mir den Weg in den angestrebten Beruf als Berufsjäger im Betrieb Mayr-Melnhof schon sehr früh geebnet. Es war bald zwischen meinen Eltern und der „*Herrschaft*" ausgemacht - der Bub wird Berufsjäger!

Nach der Volksschule erfolgte also der Übertritt in die Hauptschule Trofaiach. Am Schulweg änderte sich nicht viel, außer dass ich schon ein Fahrrad hatte und in der wärmeren Jahreszeit mit dem Fahrrad bis zum Mitterkreuz fahren konnte. Dort - in der Nähe von Seiz – befindet sich die Bushaltestelle für den Autobus nach Trofaiach. Das Gymnasium in Leoben kam für mich nicht in Frage, da der Weg dorthin viel zu umständlich war.

So besuchte ich halt die Hauptschule und das Polytechnikum, bevor meine Lehre als Berufsjäger begann.

Eine außergewöhnliche Geschichte aus dieser Zeit ist mir noch in Erinnerung: Unser Vater brachte eines Tages ein verlassenes Gamsgeißkitz mit nach Hause. Wir nannten dieses Kitz „Gretl". Es wuchs bei uns am kleinen Bauernhof auf. Eines Tages begleitete uns die mittlerweile erwachsene kapitale Gamsgeiß am Weg zur Schule nach Seiz, was für enormes Aufsehen sorgte. Das ist aber noch nicht alles – die Geiß wartete vor der Schule auf uns und marschierte mit meiner Schwester und mir wieder zurück in die Reitingheimat – ins Kaisertal. Leider wurde Gretl, als sie älter wurde, immer aggressiver. Sie attackierte mit ihren scharfen Krucken fremde Hunde. Bald waren auch unsere Gäste nicht mehr sicher. „Gretl" wurde daher auf Vermittlung der Forstverwaltung dem Tierpark Schönbrunn übergeben.

Die kleine Landwirtschaft

Wie eingangs erwähnt, wurde von unserer Mutter eine kleine Landwirtschaft, eine sogenannte „Keuschlerei", betrieben. Diese Bauernwirtschaft sorgte dafür, dass wir immer genug zu essen hatten und mit qualitativ sehr hochwertigen Lebensmitteln versorgt wurden. Es wurde sogar Milch an den Milchhof Leoben geliefert, was die wirtschaftliche Situation meiner Eltern wesentlich verbesserte.

Wir hatten in der Regel stets zwei bis vier Milchkühe, zwei bis drei Kalbinnen und auch Kälber. Außerdem war ein Pferd namens „Max" im Stall untergebracht. „Max" wurde für die Arbeiten in der Landwirtschaft und zur Fütterung des Rotwildes eingesetzt. Weiters gab es mehrere Schweine, die nach Erreichen des gewünschten und geplanten Gewichtes geschlachtet wurden. Wie auf den meisten Bauernhöfen war in diesen Jahren auch eine Schar von Hühnern und ein stolzer „Italiener"-Hahn vorhanden. Diese Hühner versorgten uns mit Eiern und sorgten gelegentlich natürlich auch für Geflügelfleisch.

Auf uns Kinder hatte die Landwirtschaft natürlich auch Auswirkungen. Wie die meisten Bauernkinder in Österreich halfen meine Schwester und ich bei den landwirtschaftlichen Arbeiten mit. Dies natürlich in Abhängigkeit unseres Alters und unserer Kräfte. Von negativ behafteter „Kinderarbeit" konnte da aber keine Rede sein - es war für uns alles ganz normal, wie das bei den Bauernkindern auch heute noch üblich ist.

Die Stallarbeit war zweimal täglich zu erledigen. Die Mutter molk händisch die Kühe. Es gab im Kaisertal keinen elektrischen Strom und somit auch keine Melkmaschine.

Für Licht sorgten mehrere Petroleumlampen, „*Petroleumfunzeln*" genannt und auch eine Gaslampe. So uns unsere Schulzeit dies ermöglichte, halfen wir unserer Mutter bei der Stallarbeit. Von der Tenne musste das Heu oder Grummet durch eine Öffnung im Boden in den Stall geworfen, anschließend verteilt und eingefüttert werden. Das Reinigen des Stalls, das Ausradeln des Mistes mit der „*Radltruchn*" auf den Misthaufen, war die schwerere Arbeit. Leichtere Tätigkeiten wie das Austreiben der Rinder zum „*Wassern*" mussten auch täglich erfolgen, da es damals noch keine Wasserversorgung im Stall gab. Im Frühjahr und Herbst wurden die Rinder auf die Weide getrieben und am Abend wieder in den Stall zurückgeholt. Das war natürlich eine Tätigkeit, die auch wir Kinder leicht erledigen konnten.

Für die Schweine gab es im Freien das sogenannte „*Saugaschtl*". Die Sauen wurden dort hinausgetrieben und konnten sich im Dreck suhlen. Sie fühlten sich dort sehr wohl. Am Abend mussten sie zurück in den Stall. So sind die Schweine schon damals „biologisch" aufgewachsen. Sie wurden unter anderem auch mit „*Koschpl*" – den Küchenresten - gefüttert. Das ist zwar heute nicht mehr erlaubt – damals aber war das möglich - und sowohl die Schweine als auch wir haben´s überlebt!

Das „*Heuen*" im Sommer darf natürlich auch nicht vergessen werden. Es waren zumindest zwei Mahten, die Heumaht und die Grummetmaht, alljährlich durchzuführen. Landwirtschaftliche

Maschinen, wie man sie heutzutage kennt, waren nicht vorhanden. Uns standen aber landwirtschaftliche Geräte für unser Pferd zum Wenden und zum Einführen des Heues zur Verfügung. Meine Schwester und ich sowie auch Freunde meiner Eltern halfen bei diesen Arbeiten mit. Es wurde der Wetterbericht ständig verfolgt. Es gab ein Kofferradio im Haus und es wurde „*Wetter g'lost*". War eine längere Schönwetterperiode angekündigt, wurde am nächsten Tag in den frühen Morgenstunden mit einem damals schon vorhandenen Balkenmäher mit der Maht, also dem Mähen, begonnen. Ganz unangenehm waren Regenfälle, die halt auch während der Heuernte dann und wann nicht ausblieben. In diesem Fall mussten wir alle schnell hinaus und jeder nahm eine Heugabel oder einen Rechen zur Hand, um das Heu händisch zu häufeln und so zu retten was noch zu retten war. Das Einführen der Heuernte war auch eine schwere Arbeit. Das Heu wurde auf den Leiterwagen aufgeladen und mit einem sogenannten „*Bimbam*" niedergezurrt. Das Pferd schwitzte und musste zum Verschnaufen immer wieder stehen bleiben. Beim Heustadl – heute würde man Wirtschaftsgebäude sagen - angekommen, musste das Futter mit Heugabeln in die Tenne verfrachtet werden. Auch eine sehr schweißtreibende und natürlich händisch, also manuell durchzuführende Tätigkeit.

Unsere Freizeit bestand aber nicht nur aus Arbeit und der Mithilfe in der Landwirtschaft. Wir hatten durchaus auch unsere Freiheiten wie die meisten Kinder in den umliegenden Ortschaften und

Städten. Spiel und Sport waren in unserer wunderbaren Berglandschaft immer möglich. Mit den zahlreichen Jagdgästen und Freunden unserer Eltern kamen auch immer wieder Kinder und Jugendliche mit, die sich bei uns in der *„Oa´schicht"* wohl fühlten. Wir hatten also immer wieder Spielkameraden und es herrschte keine Langeweile. Auch der Wald war in unmittelbarer Nähe und bot uns viele Möglichkeiten für unsere Freizeitgestaltung.

Auch die Reitingalmen lagen vor unserer Haustür. Bereits in frühester Jugend begleiteten wir unseren Vater auf die Alm.

Jagd im Kaisertal – während meiner Kindheit

Unser Vater musste nach seiner Berufsjägerlehre zum Deutschen Militär – er war Jahrgang 1925. Nach seiner Rückkehr übernahm er das Mayr-Melnhof´sche Revier Kaisertal mit damals ungefähr 2000 ha. Er war ein sehr herzlicher Mensch. Er konnte herzlich lachen, konnte Witze erzählen, singen und war allseits beliebt. Die jagdliche Tradition war ihm auch sehr wichtig! Es gab für ihn nur das *„Steirergwandl"* und den Hut mit dem *„Gamsbart"* oder dem *„Schildhahnhakl"*. So kannte man ihn in der Gegend. Beruflich war er ein weit über die Steiermark hinaus anerkannter Experte für die Rotwildbewirtschaftung. Er wurde immer wieder zu Vorträgen über sein Wissen und seine Erfahrungen zu diesem Thema eingeladen.

Natürlich hat es sich auch für uns Kinder so ergeben, dass wir hauptsächlich Trachtengewand zum Anziehen hatten. Ich ging halt mit der Lederhose oder dem „*Pumphosengwandl*" in die Schule. Das führte oftmals zu hämischen Äußerungen meiner Schulkollegen. Ich war um eine Antwort nie verlegen, manchmal sprachen auch die Fäuste – dann herrschte wieder Ruhe! Heute gibt es kaum mehr einen Jugendlichen, der nicht über eine Lederhose oder einen Trachten-Janker verfügt. Wir Kaisertaler waren halt Vorreiter dieser Entwicklung!

Das Jagdrevier Kaisertal reichte vom Tal bis zu den weithin sichtbaren Berggipfeln des Reitinggebietes. Es waren für meinen Vater beruflich, also jagdlich, bis zu 1.400 Höhenmeter zu Fuß zu bewältigen. Forststraßen gab es damals auf den Bergen des Reiting-Gebirgsstockes noch nicht.

Ich durfte schon als Kind im Sommer oftmals mit ihm hinauf auf die Alm gehen und beim Beobachten des Wildes dabei sein. Zum Revier gehörten zwei Jagdhütten. Die große Resthütte unterhalb des Restriedels und die kleinere Rammelhütte nahe der Ruprechtinalm. Meistens haben wir in der Resthütte auch übernachtet, um bei der Frühpirsch vor allem das Rotwild zu beobachten und zu bestätigen. Vom Restriedel, einem Vorberg zwischen der Kahlwandspitze und dem Grieskogel, konnte man mit einem Fernglas große Teile des Revieres *„ableuchten"*, also beobachten. Damals konnte man von diesem Aussichtspunkt in einer Seehöhe von ca. 1.800 m aus bis zu 400 Stück Rotwild, Hirsche, Tiere und frisch gesetzte oder spielende Kälber beobachten. Es war für mich wie im Paradies!

Unweit unseres Jagdhauses *„Fürst"* befanden sich zwei große Rotwildfütterungen. Es waren dies die Kaisertal-Fütterung und die etwas kleinere Fallgraben-Fütterung. Es war unter anderem die Aufgabe unseres Vaters, diese beiden Fütterungen vom Herbst über den Winter bis ins Frühjahr täglich zu beschicken. Diese Arbeit dauerte je nach Schneelage mehrere Stunden. Ich hatte das Glück, zumindest am Wochenende immer wieder zum *„Fuattan"* mitgehen zu dürfen. Während des Fütterns kamen meistens schon die ersten Hirsche, um ihren Hunger zu stillen. Das war einfach nur faszinierend und aufregend für mich.

Ich lernte auf diese Weise das Jagdgeschehen bereits in der frühen Kindheit und so also schon lange vor meiner Lehrzeit als Jägerlehrling kennen.

Mein Vater musste sein Leben im Zusammenhang mit jagdlichen Tätigkeiten in seinem geliebten Kaisertal am 28. April 1996 lassen. Er hatte bis dahin auch in seiner Zeit als Pensionist immer wieder unentgeltlich bei Revierarbeiten geholfen. Wie es zu dem tragischen Unfall kam, wird später in diesem Buch genauer berichtet.

Vom Jagdpraktikant zum Berufsjäger

Das erste Lehrjahr in Trofaiach

Nach dem erfolgreichen Abschluss der Hauptschule und des Polytechnikums begann meine Ausbildung zum Berufsjäger. Wie schon erwähnt, wurde ich Jagdpraktikant im Forstbetrieb Franz Mayr-Melnhof-Saurau.

Die Prüfung zur Erlangung des ersten Jagdscheines hatte ich bereits mit 14 Jahren, also noch während meiner Pflichtschulzeit, beim zuständigen Wildmeister Rudolf Jelinek in Mautern abgelegt. Auf Grund meiner jagdlichen Vorbelastung aus der Kindheit im Kaisertal fiel mir der Einstieg ins Berufsleben nicht allzu schwer.

Ich wurde vom Betrieb dem Oberjäger Hans Habenbacher als Jagdpraktikant zugeteilt.

Das erste Jahr meiner Lehrzeit verbrachte ich daher im Trofaiacher Gößgraben. Wir hatten in diesem Revier zwei Rotwild-Fütterungen – eine im Linsgatter und die zweite im Bärental-Wintergatter.

Das Revier reichte auf der Südseite bis zum Gößeck. Dieser Revierteil ist steil abfallend und teilweise von Felsen durchsetzt. Es waren hier bei der Berufsausübung auch teilweise nicht ungefährliche Klettereien erforderlich. Rechts - also nordseitig -

reichte das Revier bis auf die Hohe Lins mit dem Wildfeld und dem Stadelstein.

Ich lernte nun also dieses Revier kennen. Es hatte eine Größe von ca. 2.000 ha und war damals auch sehr wildreich. Wir hatten einen Rotwildbestand von rund 400 Stück. Ich erinnere mich auch an einen hohen Bestand an Gämsen – es dürften ca. 300 Stück gewesen sein. Dazu kamen noch etwa 150 Stück Rehwild. Dementsprechend hoch war auch der gesetzlich vorgeschriebene Abschuss und die damit für Berufsjäger verbundene Arbeit.

Heute gibt es nur noch eine Wildfütterung im Linsgatter. Es sind dort noch ca. 130 Stück Rotwild. Anzumerken in diesem Zusammenhang ist der Tourismus, den es damals in diesem Gebiet praktisch nicht gab. Heute wird dieses Gebiet im Sommer von vielen Bergwanderern und im Winter von zahlreichen Skitourengehern stark beansprucht. Das Bärental-Gatter wurde aufgelassen. Das Wild musste seinerzeit über die öffentliche Straße wechseln, um in das Gatter und damit zur Wildfütterung zu kommen. Das geht heutzutage nicht mehr.

Im felsigen Gebiet an der Nordseite Richtung Gößeck gab es damals einen „*beflogenen*“ Adlerhorst. Es war für mich als Jägerlehrling außerordentlich interessant zu beobachten, wie das Adlerpaar die Jungen mit Murmeltieren oder Reh- und Gamskitzen als Nahrung versorgte.

Das Jagdhaus der Gutsbesitzer im Gößgraben war und ist die Löscherhube. Den jagdlichen Höhepunkt in diesem Revier bildete die Anwesenheit der Herrschaft, meistens - aber nicht ausschließlich - während der Hirschbrunft. Bevor die Familie Mayr-Melnhof-Saurau – bestehend aus der noch heute von mir sehr verehrten Gräfin Marie Göss-Saurau und deren Gatten, dem Herrn Graf Carl-Anton Goess-Saurau - zur Jagd kamen, herrschte hier rege Betriebsamkeit. Es wurde geputzt und alles bis ins kleinste Detail vorbereitet.

Es herrschte also dementsprechend große Aufregung, wenn es hieß: *„Die Herrschaft kommt!"*

Auch deren Sohn, der tödlich verunglückte Herr Baron Dr. Franz Mayr-Melnhof-Saurau, hat die Löscherhube für die Jagd im Reitinggebiet genutzt.

Auf jagdliche Tradition, was Kleidung, Jägersprache und jagdliches Brauchtum betraf, wurde stets größter Wert gelegt.

So erlebte ich in dieser wunderschönen Gegend hinter dem Reiting mein erstes Lehrjahr. Der hohe Wildbestand forderte extremes Engagement und großen Fleiß.

Zweites bis viertes Lehrjahr in Frohnleiten

Auf Wunsch der Gutsbesitzerin Gräfin Marie-Goess-Saurau wurde ich nach einem Jahr Lehrzeit in Trofaiach nach Frohleiten in das Revier Gamsgraben versetzt.

Ich wurde dort dem Oberjäger Willi Kamsker zugeteilt. Mein neuer Lehrherr war zugleich Förster und Berufsjäger. Er war eine weithin anerkannte Persönlichkeit und Leibjäger der Herrschaft.

Dieses Revier war dem Wohnsitz der Familie Mayr-Melnhof am nächsten. Aus diesem Grund hatten wir immer wieder zahlreiche prominente Jagdgäste, unter ihnen viele Adelige, aber auch Industrielle und Politiker. Ich erinnere mich noch, mit dem damaligen Landeshauptmann Josef Krainer sen. auf der Pirsch gewesen zu sein. Pirschführer war natürlich mein Chef, der Herr Oberjäger Kamsker.

Das Revier hat eine Größe von rund 2.500 ha und befand sich am östlichen Rand des Gleinalm-Gebirgszuges. Im Gegensatz zum Reitingstock, das aus Kalkgestein besteht, liegt hier Urgestein vor.

Wir hatten in diesem Revier rund 100 Stück Rotwild, ca. 50 Stück Muffelwild, geschätzt ca. 500 Stück Gämsen sowie zahlreiches Rehwild zu hegen, zu bejagen und im Winter natürlich zu füttern. Das Rotwild musste täglich gefüttert werden, das Rehwild jeden zweiten oder dritten Tag.

Um zu den weit verstreuten Fütterungen zu kommen, stand uns ein Dienstmotorrad der Marke Puch 250 SG zur Verfügung. Ich saß am Motorrad hinter meinem Chef, dem Herrn Oberjäger Kamsker. Am Tank vorne saß sein Jagdhund. Es war ein Hannoverscher Schweißhund. So kannte man uns im Graben – so war das eben. Ich musste immer wieder auch zu Fuß gehen. Bis zur Rotwildfütterung, die sich im benachbarten Pöllagraben befand, waren hin und zurück vierzehn Kilometer zurückzulegen. Für die Versorgung der Fütterungen reichten vierzig Arbeitsstunden wöchentlich oftmals nicht aus.

Das Rehwild im Revier Gamsgraben

In diesem Revier wurde das Augenmerk verstärkt auf die Rehwildhege gerichtet. Kapitale Böcke mit einem Gehörngewicht von mehr als 500 g waren keine Seltenheit.

Vom Betrieb bekamen wir für die Rehe eher bescheidene Mengen an Rehfutter. Man musste sich selbst helfen. Ich lernte von meinem Lehrprinzen, wie man aus Himbeer- und Eschenlaub Futter für den Winter herstellt. Es wurden im Frühsommer frische Himbeer- und Eschentriebe gepflückt. Diese grünen Triebe wurden in einer Scheune aufgehängt, getrocknet oder aber in Plastikfässern einsiliert. Dieses Futter wurde „*Himbeerlascha*“ oder „*Eschenlascha*“ genannt. Es war ein sehr nahrhaftes und vitaminreiches Futter, welches im Winter bei den Rehfütterungen vorgelegt wurde. Zusätzlich wurden Rauhfutter – Grummet – und geringe Mengen an Mais und Hafer verfüttert.

Das führte dazu, dass unsere Böcke sowohl im Wildpretgewicht als auch bei den Gehörnen wesentlich stärker waren als in vergleichbaren Revieren. Wir hatten immer wieder kapitale Ernteböcke. Darauf waren wir sehr stolz. Unser Erfolg hat sich auf den Jägerstammtischen und auch weiter bis zu unserer Herrschaft durchgesprochen.

Das Rotwild im Revier Gamsgraben

Die Rotwildhege war in diesem Revier nicht vorrangig. Wir hatten rund 100 Stück Hirsche, Tiere und Kälber zu hegen und zu versorgen. Es gibt dort kein Wintergatter. Es befindet sich jedoch im Pöllagraben in einer Seehöhe von etwa 1.000 m eine Rotwildfütterung. Diese wurde, wie allgemein üblich, auch täglich aufgesucht und beschickt. Im Gegensatz zum Reitinggebiet gab es dort kaum kapitale Hirsche. Darauf wurde hier nicht so viel Wert gelegt. Es gab daher vorwiegend Gebirgshirsche. Trotzdem haben sich die Erleger dieser Hirsche auch sehr gefreut, wenn sie Waidmannsheil hatten, also bei der Jagd erfolgreich waren. Gefeiert wurde dann natürlich auch entsprechend!

Das Gamswild im Revier Gamsgraben

Wir hatten in diesem Revier einen sehr starken Gamswildbestand. Hauptsächlich spielte sich die Jagd auf der Schrottalm ab. Das ist eine Alm im östlichsten Bereich des Gleinalmgebietes, auch Gleinalpengebiet genannt.

Ich erlernte hier das richtige Ansprechen von Gämsen. Jeder Jäger weiß, wie schwierig das ist. Geißen und Böcke zu unterscheiden ist nicht so schwer, die Bestimmung des Alters jedoch erfordert sehr viel Praxis und Übung.

Ein 6-jähriger Gams ist kaum von einem 8-jährigen zu unterscheiden. Wenn man ihn jedoch mit 6 Jahren erlegt, kann es ein Fehlabschuss sein. Die Konsequenzen können dann sehr unangenehm ausfallen! Es werden beispielsweise hohe Geldstrafen verhängt. Es wird auch mit dem Entzug der Jagdkarte gedroht.

Im Gegensatz zu den Gämsen am Reiting waren hier die Böcke und Geißen stark *„pechkruckert"*. Das hängt mit dem Urgesteinsboden zusammen. Ein *„pechkruckerter"* Gamsbock ist für den Jäger bzw. Erleger einfach interessanter als ein gewöhnlicher Gamsbock.

Mein Leben im Gamsgraben

Ich hatte natürlich auch Freizeit zur Verfügung. Ich war junge 16 Jahre alt und hatte mein erstes Moped. Es war ein grasgrünes Puch-Moped, mit dem ich bald im ganzen Graben bekannt war. Ein Jägerlehrling war nicht alltäglich. Ich lernte in dieser Zeit viele Freunde kennen – sowohl männliche als auch weibliche. Viele Lieder drehen sich um die „*Jaga*" - und ich war einer von ihnen! Es war eigentlich eine schöne Zeit.

Erlebnisse mit einigen meiner damaligen Freunde, es waren dies der Tranninger Max, der Huber Anton und der Bürge Wolf, habe ich noch in Erinnerung. Jagdhunde gehören zur Jagd. Anton hatte einen Deutschen Jagdterrier, der auf die Dachsjagd spezialisiert war. Es gab damals eine regelrechte „Dachsschwemme". Tagsüber übten wir daher die Baujagd aus. Der Terrier schoss in seinem Jagdtrieb in den Dachsbau und kämpfte dort mit dem Dachs. Der Dachs ist in der Regel wesentlich schwerer und stärker als ein Fuchs. Die Kämpfe im Dachsbau endeten für den Hund dementsprechend leider auch manchmal beim Tierarzt. Denn der Dachs hatte sich manchmal beim Kampf in den Terrier verbissen und diesen dabei verletzt. Wir erlegten Dachse mit einem Gewicht von bis zu 20 kg. Es gab auch ein Maisfeld und einige Obstgärten, in welchen sich immer wieder Dachse befanden. Auch nachts bei Mondschein übten wir hier die Jagd mit dem Terrier aus. Es war immer sehr aufregend und spannend. Wir erlebten dabei natürlich einige großartige und spannende Erlebnisse mit dem Terrier.

Wir waren junge, aber passionierte Jäger und machten so unsere ersten jagdlichen Erfahrungen. Ich musste meinem Lehrherrn immer wieder über unsere meistens nächtliche Jagden Bericht erstatten. Er wollte einfach Bescheid wissen und nahm es eigentlich wohlwollend zur Kenntnis. Einer meiner Freunde von damals, Huber Anton, machte später Karriere bei der Polizei in Graz.

Wir hatten im Revier auch einen beflogenen Adlerhorst - der interessierte mich ganz besonders! Ich kannte den Falkner, Sepp Leis aus Leoben. Wir hatten vom Land Steiermark die Erlaubnis, einen Jungadler für die Falknerei *„auszuhorsten"*.

Das war eine nicht alltägliche und aufregende Tätigkeit. Ungewöhnlich war, dass sich der Adlerhorst auf einer hohen Fichte befand. Normalerweise befinden sich Adlerhorste in Felswänden. Ich musste also hinaufklettern und konnte dort den Jungadler mit größter Mühe einfangen. Es ist jedoch alles geglückt und Sepp Leis übte die Beizjagd in der Folge über dreißig Jahre mit diesem Adler aus.

Die Geschichte mit einem Jungfuchs ist mir auch noch in Erinnerung, obwohl sich diese bereits vor über fünfzig Jahren abgespielt hat. Ich hatte einen Jungfuchs gefangen und wie einen Hund großgezogen. Ich sorgte mit diesem Fuchs im Gamsgraben natürlich für Aufsehen. Wenn ich mit dem Moped ausfuhr, saß der Fuchs bei mir im Rucksack am Rücken und schaute heraus. Er begleitete mich wie ein Hund. Leider ist der Fuchs bald einmal an Staupe – einer Hundekrankheit - erkrankt und dann eingegangen.

Am Ende meiner 4-jährigen Ausbildung zum Berufsjäger absolvierte ich schließlich die jagdliche Staatsprüfung in Graz.

Ich habe diese Prüfung für Berufsjäger, verbunden mit einem forstlichen Ausbildungsteil, mit ausgezeichnetem Erfolg bestanden. Als Berufsjäger wurde ich von der Behörde als beeidetes jagdlich und forstliches Aufsichtsorgan vereidigt.

Das Österreichische Bundesheer

Nach meiner 4-jährigen Lehrzeit und Ablegung der Staatsprüfung erfolgte mein Präsenzdienst beim Österreichischen Bundesheer. Es gab damals noch keinen Zivildienst und auch keinen Wehrdienst für Frauen. Ich habe mich sofort für einen achtmonatigen Präsenzdienst entschieden.

Ich musste daher anschließend nicht mehr an Waffenübungen teilnehmen. Meine Einheit war in der Kirchnerkaserne in Graz stationiert. Es war dies die Tel-Kompanie. Ich hatte dort auch die Möglichkeit, die Fahrschule für LKW zu besuchen und die Prüfung abzulegen. Diese Gelegenheit ließ ich mir natürlich nicht entgehen.

Besondere Ereignisse aus dieser Zeit sind mir nicht in Erinnerung – mit einer Ausnahme. Im Dezember 1973 wurde unsere Einheit nach Schladming verlegt, um dort die Organisatoren der Weltcupabfahrt von der Planai zu unterstützen. Ich lernte dort so den späteren Olympiasieger Franz Klammer kennen. Er gewann dieses Rennen am 22.12.1973.

Aufsatzbuch und Tagebuch

In meiner Lehrzeit war die Führung eines ordentlichen Aufsatz- und gesondert eines Tagebuches vorgeschrieben. Im Aufsatzbuch musste ich monatlich einen Aufsatz über ein jagdliches Thema schreiben. Im Tagebuch musste ich über meine täglichen Erlebnisse im Revier schriftlich Bericht erstatten. Diese Bücher wurden in der Folge meinen Lehrherren, Oberjäger Willi Kamsker und Hans Habenbacher, dem Wildmeister des Betriebes, Max Tasch, dem Jagdleiter des Betriebes, Rudolf Jelinek und einem

Herrn Holzer von der Landesjägerschaft zur Kontrolle und Abzeichnung regelmäßig vorgelegt.

Diese Herren kontrollierten meine Eintragungen, kommentierten dieses und jenes und besserten etwaige Fehler aus. Auch auf eine schöne Handschrift wurde damals außerordentlich Wert gelegt!

Um einen diesbezüglichen Einblick in die damalige Ausbildung zum Berufsjäger zu gewähren, werden hier einige Seiten aus diesen Büchern, wo meine schriftlichen Werke samt Korrekturvermerke aus dieser Zeit ersichtlich sind, abgedruckt. Die Bücher sind nun teilweise schon über 50 Jahre alt und befinden sich unter anderem in meinem Archiv.

Aufsatzbuch
Bachler Fritz
Jagdpraktikant

August. 1969

Das Rehwild

1

Das Rehwild ist in unserer Heimat weit verbreitet. Die Äsung des Rehes besteht hauptsächlich aus feinen Gräschen. Im Winter aus Heu, "Grummet" oder Laub, Knospen und Kraftfutter. Man soll ihm auch Salz und Kastanien geben, daß im Frühjahr die Gefahren für Durchfall nicht so groß sind. Das Rehwild erreicht ein Gewicht bis 26 kg. Die meist befallenen Krankheiten des Rehes sind Lungenwurm und Magenwurmseuche. Und noch zwei die aber nur selten vorkommen das sind Leberegeln und Rachenbremsen. Das Rehwild soll man auch Hegen mit der Büchse. Daher kranke, alte und schwache Stücke zu erlegen. Das gilt für die Böcke sowie für die Geißen. Es fängt schon bei den Kitzen an. Wenn eine Geiß zwei Kitze hat, so muß man grundsätzlich das schwächere Kitz erlegen und wenn eine Geiß ein schwaches Kitz hat so soll man Geiß und Kitz erlegen. Bei den Böcken ist fast das selbe nur daß es da nach der Gehörnbildung geht. Und wenn ein Bock das Alter erreicht hat, so geht es nicht mehr nach Gehörnbildung sondern man kann ihn wegen des Alters abschießen. Die Trag:

zeit der Rehgais ist 40-41 Wochen. Im Juli August erfolgt ~~die Begattung~~ der Beschlag. Danach bleibt das Embryo bis Dezember ruhig und dann fängt es sich schnell zu entwickeln an. Es gibt auch eine Nachbrunft diese ist im November dann tritt eine verkürzte Tragzeit ? ein. Also 20-22 Wochen so daß die Setzzeit auch in Mai - Juni ist. Die Rehgais setzt normal zwei Kitze, oft nur eines, selten drei. In der Brunft kann man die Böcke leicht mit den Sprengfiep ~~nicht~~ nur heranlocken. Nach der Brunft ziehen sich die Böcke zurück. Die Böcke werfen in den Monaten November bis Ende Dezember ab. Die Hauptunterscheidung zwischen Bock und Gais ist das Gehörn Doch wenn der Bock abgeworfen hat so die Schürze bei der Gais und der Pinsel bei dem Bock. Di Färbung der Rehe ist im Sommer rotbraun und im Winter grau=braun. Di Bejagung ist nur mit Kugelgewehr erlaubt! Man bejagd sie am Ansitz auf der Pürsch und die Böcke in der Brunft mit den Gais oder Kitz=blatter. Für das Kitz sind die größten Feinde der Adler und der Fuchs Das Rehwild gehört einer zu den edelsten Wildarten unserer Heimat.

Ist nur Schmälerung [illegible]

Zur Erinnerung!

Grohnd. 13.9.69

[illegible]

7

Die Winterfütterung.

Unser Revier ist sehr Wetter bedingt. Bei mittlerer Schneelage und großem Schneesturm im Winter müssen wir bereits schon gegen mitte Oktober mit dem füttern von unserem Rotwild beginnen. Meist gleich nach der Brunft, das ist anfangs Oktober, beschicken wir unsere Fütterung mit Kraftfutter. Das ist vor allem Mais, welcher sich für die abgebrunfteten Hirsche sehr gut eignet, da der Mais hauptsächlich für raschen Körperbau sorgt. Wir in unserem Revier haben schon öfters beobachtet, daß Hirsche nach drei Wochen Fütterung wieder auf den Brunftplätzen auf der Alm auftauchten und bei den brunftigen Tieren, wo hauptsächlich nur noch schwächere Hirsche waren, zwei bis drei Tage röhrten und dann wieder sofort zur Fütterung zurück kamen. Im November beginnen wir mit der richtigen Futtervorlage. Das ist etwas Kraftfutter, ausreichend Rauhfutter, gutes Bergheu oder Grummet, Saftfutter (Heu oder Grummet-silage, Maissilage) oder Obsttrester wird vom Wild sehr gerne angenommen. Das Rauhfutter kommt bei uns in kleinen Raufen, welche in weiten Abständen in der Nähe der Fütterung angebracht sind. Die Futterkrippen sollen nicht zu klein aber auch auf keinen Fall zu groß sein. Am besten eignen sich Futterkrippen mit einer Länge von zirka 1,50 m. Die Sprossen bei den Futterkrippen dürfen auf keinen Fall enger als 8 cm sein,

[illegible] wir noch einen Salzstein (Bergsalz) hinein geben, so daß das Rauhfutter und das Salz richtig aufgeteilt ist. Wichtig ist noch, daß die Futterkrippe abgedeckt ist und das Heu welches am Boden liegt jeden Tag gründlich weggeräumt wird, so daß das Wild vom Boden nichts aufnehmen kann. Für die Grünschläge eignen sich am besten schöne Futtertische, wo einer auch nicht länger als 4 Meter sein soll. Aber man soll unbedingt mehrere Tische bei der Fütterung anbringen damit auch die schwachen Stücke bei der Äsung nicht zu kurz kommen. Maissilage gehäckselt läßt sich auch sehr gut mit Kraftfutter abmischen, was wir in kleine Futtertröge geben. Die Futtertröge sollen nicht enger als 5 - 6 Meter beisammen sein und die Zahl soll sich dem Wildstand angepaßt sein. Bei unserer Fütterung kommen nun die Rüben und Kastanien am Boden zur Vorlage. Die Rüben geben wir in einen kleinen Handschlitten und werden in weitem Umkreis bei der Fütterung aufgeteilt.
Ende Dezember bis Jänner kann man das Kraftfutter am besten einsparen, wenn man genügend Rauh-, Saftfutter und Trester vorlegen kann. Aber anfangs Februar muß man reichlich Kraftfutter vorlegen, das ist bei uns Hafer und Mais. Gegen Mitte Februar bekommen unsere Hirsche auch Ölkuchen (Lein) dazu. Somit hat die Futtervorlage ihren Höhepunkt erreicht. Da ja die ersten Hirsche gegen Ende Februar ihr Geweih abwerfen. dadurch kommt es, daß die Hirsche anfangs überhaupt.

kein Recht bei der Fütterung haben und sich hauptsächlich mit Rauhfutter begnügen müssen. Darum ist es unbedingt notwendig, früh genug mit dem Kraftfutter zu beginnen da es für den Geweihaufbau sehr notwendig ist. Gegen Ende März, wenn die guten Hirsche wieder bis zu den Eisenden aufgesetzt haben, dann erkennt man bei den Hirschen den richtigen Hunger. Man muß unbedingt die Futterzeit genau einhalten, da es sonst immer wieder vorkommt, daß das Kahlwild zuerst zur Fütterung zieht und die Tröge mit Kraftfutter ausleeren. Man kann es fast nicht glauben, wie pünktlich sich das Wild zur Fütterung begibt wenn man regelmäßig füttert. Im April, anfangs Mai soll man das Kraftfutter wenn man kann unbedingt nochmals aufbessern. Da die guten Hirsche schon über dem Mittelende aufgesetzt und die ~~kleineren~~ geringen auch bis auf die Spießhirsche abgeworfen haben ist das Wild bei der Fütterung am verträglichsten. Auch die stärkeren Hirschkälber (setzt) setzen die ersten Spieße auf, die Tiere fangen bald zu setzen an. Der ganze Rotwildbestand geht den Haarwechsel über. Die guten Hirsche kommen schon zur Krone und wir Jäger freuen uns schon wieder auf die verecken Hirsche.

Tagebuch
Bachler Fritz
Jagdpraktikant

Datum	Beschäftigung	Anmerkung
Montag	Ab 1.4.1970 - 5.4 1970 Gebührenurlaub	
Dienstag Montag 6.4.1970	Vormittag Anreise vom Revier Hausertal Ab 13.00^{Uhr} - 14_{30}^{Uhr} füttern mit Herrn Habenbacher in der Sins und Rehfüttern in der Sins.	
Mittwoch	Anblick einen halbverschlagenen Rehbock. In der Sins bei der Fütterung ein Geweih gefunden. Ab 14_{30}^{Uhr} - 17_{00}^{Uhr} füttern im Bärntal.	
Donnerstag Dienstag 7.4.1970	Ab 8_{00}^{Uhr} - 12_{00}^{Uhr} Reviergang in der Gosing, Tadingerboden, Einlaß und Gosingwand. Anblick 1 Adler. Ab 13_{00}^{Uhr} - 17_{00}^{Uhr} füttern in	
Freitag	der Sins und Bärntal und Rehfüttern in der Sins und Temmel	
Samstag Mittwoch 8.4.1970	Ab 8_{00}^{Uhr} - 10_{30}^{Uhr} das Bärntalgatter und Sins- gattertore ausschaufeln und Rehfüttern im Temmel, Sins und Löcherrand.	
Sonntag	Ab 13_{00}^{Uhr} - 14_{30}^{Uhr} füttern mit Herrn Habenbacher in der Sins. Ab 14_{30}^{Uhr} - 17_{30}^{Uhr} füttern im Bärntal.	

Datum	Beschäftigung	Anmerkung
Montag Samstag 18.4.1970	Ab 7_{15}^{Uhr} - 12_{00}^{Uhr} Stangl hacken mit Herrn Habenbacher am ersten Hahn 1 Geweih gefunden. Ab 13_{00}^{Uhr} - 17_{00}^{Uhr} füttern in der Lins und Bärntal.	
Dienstag Sonntag 19.4.1970	Ab 12_{30}^{Uhr} - 14_{00}^{Uhr} füttern mit Herrn Habenbacher in der Lins Ab 14_{00}^{Uhr} - 16_{30}^{Uhr} füttern im Bärntal. Ab 16_{30}^{Uhr} - 18_{30}^{Uhr} Schutzdienst machen bei der Löscherwand.	
Mittwoch Montag 20.4.1970	Vormittag beim Arzt in Trofaiach gewesen. Ab 13_{00}^{Uhr} - 15_{30}^{Uhr} füttern im Bärntal.	
Donnerstag Dienstag 21.4.1970	Vormittag beim Geweihe messen geholfen. Ab 13_{00}^{Uhr} - 17_{00}^{Uhr} füttern in der Lins und Bärntal. In der Lins 2 Geweihe gefunden.	
Freitag Mittwoch 22.4.1970	Ab 8_{00}^{Uhr} - 11_{00}^{Uhr} Rehfütterungen zusammen: putzen in der Gosing und Fürsten. Ab 12_{30}^{Uhr} - 17_{00}^{Uhr} füttern in der Lins und Bärntal.	
Samstag Donnerstag 23.4.1970	Ab 8_{00}^{Uhr} - 11_{00}^{Uhr} drei Sulzen in der Gosing beschickt. Ab 13_{00}^{Uhr} - 17_{00}^{Uhr} füttern im Bärntal und Reh: fütterung im Temmel zusammenputzen	
Sonntag	Ab 17_{00}^{Uhr} - 18_{30}^{Uhr} Silo mit Herrn Heinreber von der Bärntalfütterung zur Linsfütterung hinauf geführt.	

Datum	Beschäftigung	Anmerkung
Montag Mittwoch 29.4.1970	Ab 8_{00}^{Uhr} – 11_{00}^{Uhr} Rehfütterungen zusammen- putzen in der Sins und Söchernwand. Eine Rehkrone gefunden. Ab 12_{30}^{Uhr} – 16_{30}^{Uhr} füttern	
Dienstag	in der Sins und Bärntal. In der Sins ein Geweih gefunden.	
Mittwoch Donnerstag 30.4.1970	Ab 7_{30}^{Uhr} – 11_{00}^{Uhr} füttern in der Schönau Ab 12_{30}^{Uhr} – 15_{45}^{Uhr} füttern in der Sins und Bärntal.	
Donnerstag	Franz Mayr-Melnhof'sche Forstverwaltung Trofaiach 11.5.1970 [illegible]	
Freitag	In Ordnung! [illegible] 14. 5. 70 [illegible]	
Samstag		
Sonntag		

Berufsjäger im Revier Hinterschladnitz in Leoben

Überblick über das Revier

Nach Absolvierung des Präsenzdienstes beim Österreichischen Bundesheer und einer kurzen Übergangszeit wurde mir vom Betrieb das Revier Hinterschladnitz übergeben. Es war mein erstes Revier als Berufsjäger.

Hier einige Daten und Informationen zu diesem Revier: Die Schladnitz mit dem Schladnitzgraben gehört zum Stadtgebiet der Stadtgemeinde Leoben und liegt geografisch gesehen im Süden der Stadt. Um dort hinzukommen, fährt man von Göss vorbei am dort jetzigen Baumarkt Hornbach und dem Veranstaltungszentrum der Familie Kaufmann. Von dort dann weiter rund acht Kilometer einwärts in den Graben.

Die Mayr-Melnhof´schen Besitzungen reichen dort südlich von Leoben Göss über verschiedene Vorberge bis zum Gebirgszug der Gleinalm oder auch Gleinalpe. Diese Flächen sind dort auf zwei große Jagdreviere aufgeteilt.

Das Revier Vorderschladnitz wurde vom Oberförster und späteren Forstverwalter Anton Nievoll sowohl jagdlich als auch forstlich verwaltet.

Das Revier Hinterschladnitz jedoch wurde mir als Berufsjäger übergeben. Anfangs war noch Oberförster Alexander Nindl für die forstliche Bewirtschaftung des Revieres zuständig. Nach seiner Pensionierung wurde Toni Nievoll sein Nachfolger. Er war hier ausschließlich für den Forst zuständig. Wir haben uns von Anfang an gut verstanden - was zwischen Berufsjägern und Förstern nicht immer selbstverständlich ist!

Das Revier reicht im Osten bis zum Pöllasattel und dem Hochalmgebiet und im Süden bis auf die Schneid der Glein- und Fensteralm. Es umfasst rund 1.700 ha, ist stark bewaldet und von zahlreichen Forststraßen durchzogen.

Nun einiges zu meinem neuen Revier und vor allem zu meinen Zielen: Gleich etwas vorweg – ich war jung und sehr ehrgeizig! Um meine Ziele zu erreichen war ein ordentlicher und gesunder Wildbestand eine Grundvoraussetzung. Ebenfalls legte ich großen Wert auf ordentliche Reviereinrichtungen.

Natürlich freute es mich, wie jeden Berufsjäger, wenn es gelang, da und dort einen kapitalen Rehbock oder Hirsch zu bestätigen und zu hegen. Es ist ein Kreislauf – wenn alle Parameter passen, stellt sich irgendwann auch der Erfolg ein.

Das Revier war anfangs jedoch in einem schlechten Zustand. Die Reviereinrichtungen waren alt, teilweise kaputt und mussten daher zum großen Teil erneuert werden. Enorm viel Arbeit wartete also auf mich.

Eine Information für Nichtjäger: Zu den Reviereinrichtungen gehören im Wesentlichen Wildfütterungen, Hochsitze, Salzlecken, Jägersteige und verschiedene Zäune.

Das Wild in der Hinterschladnitz

Der Wildstand und die Qualität von Reh und Hirsch waren nicht so, wie ich es mir vorgestellt hatte. Wir hatten ein Rotwild-Wintergatter mit ca. 100 Stück - Hirsche, Tiere und Kälber. Es gab aber kaum oder nur vereinzelt jagdbare Hirsche. Man darf nicht vergessen - als ehrgeiziger Jungjäger freut man sich natürlich über starke, um nicht zu sagen, kapitale Hirsche. Die gab es dort aber nicht!

Dieselbe Situation bot sich mir beim Rehwild. Es waren zwar 14 Rehfütterungen vorhanden, jedoch wirklich gute Böcke waren rar.

Eine weitere Wildart – das Muffelwild - fand ich hier auch vor. Es war ebenfalls zu hegen und zu bejagen. Eine eigene Fütterung für dieses Wild war zwar vorhanden.

Bei den Rehfütterungen verursachten die Muffelwidder dennoch immer wieder Schäden. Sie brachen mit ihrem Gehörn (Schnecken) in die eingezäunten Rehfütterungen ein und fraßen dann das Rehfutter. Dabei beschädigten sie auch die Zäune. Mir blieb nichts anderes übrig, als die Einzäunungen immer wieder zu reparieren. Ich gebe zu, dass mich diese unnötige Arbeit richtig ärgerte!

Das Gamswild hielt sich vor allem in höheren Lagen der Gleinalm auf und erforderte weniger Arbeit. Diese beschränkte sich hauptsächlich auf die Bejagung im Herbst und Winter. Es gab aber speziell im Gamsgebiet zahlreiche Salzlecken, die zumindest einmal jährlich zu kontrollieren und zu beschicken waren. Diese jagdliche Tätigkeit wird *„Salztragen“* bezeichnet, findet hauptsächlich im Frühjahr statt und kann sehr anstrengend sein. Es wurden jährlich immerhin insgesamt rund 1,2 t Kernsalz ausgetragen.

Soweit ein kurzer Überblick über das Wild in meinem neuen Revier.

Tätigkeiten als Berufsjäger im Revier Hinterschladnitz

Ab dem Jahr 1975 war ich nun beruflich in der Hinterschladnitz tätig. Meine Tätigkeit als Berufsjäger in diesem Revier sollte rund 15 Jahre andauern. Ich bekam in der Nähe vom Gasthaus Mak ein Dienstwohnhaus zur Verfügung gestellt. Es bestand hier auch die Möglichkeit, eine kleine Landwirtschaft zu betreiben. Die ersten Wochen und Monaten verbrachte ich damit, das neue Revier kennenzulernen. Es gab eine große Anzahl von Ortsnamen und Ortsbezeichnungen, Gräben, Straßen, Anhöhen usw., die ich noch nicht kannte. Ich war zunächst einmal also Tag und Nacht unterwegs, auch um das Revier zu studieren. Vom Betrieb wurde mir ein Dienst-Motorrad der Marke Jawa zur Verfügung gestellt.

Ich begann auch unverzüglich meine Vorstellungen betreffend des Revier-Neuaufbaues zu verwirklichen. Die Mayr-Melnhof´sche Bauabteilung stellte mir das nötige Material und Werkzeug für die Renovierung und teilweise auch für den Neubau der Revieranlagen zur Verfügung. Die Arbeiten musste ich jedoch selbst verrichten. Ich hatte aber bald auch einige Freunde, die mir dabei halfen. Besonders möchte ich in diesem Zusammenhang die beiden Brüder Heli und Günter Moitzi erwähnen. Sie halfen mir auch später beim Aufbau im Revier Kaisertal.

In den Morgen- und Abendstunden war ich jagdlich im Revier unterwegs. Ich musste mich ja über den Wildstand informieren und vertraut machen. Das geht nur, indem man so viel Zeit wie möglich im Revier verbringt.

Außerdem war ein hoher Pflichtabschuss zu erfüllen. Die weiblichen Stücke mussten fast zu 100 Prozent von mir erlegt werden. Es sind dies hauptsächlich Tiere, Kälber, Geißen und Kitze. Die damit verbundenen Arbeiten wie die Lieferung, der Aufbruch, gelegentlich auch das Nachsuchen gehörten zu meinem Beruf und wurden von mir selbstverständlich erledigt. Mein vierbeiniger Begleiter war der Hannoversche Schweißhund Arko vom Sonnberg. Zu dieser Zeit war er einer der besten Schweißhunde in Österreich!

Eine der Hauptaufgaben von uns Berufsjägern ist das Anführen und *„zum Schussbringen“* von Jagdgästen. Diese Tätigkeit erfolgte in den Monaten Juni bis Dezember. Telefonisch wurde ich von der Forstverwaltung über die Ankunft von Jagdgästen jeweils in Kenntnis gesetzt und gleichzeitig wurde auch der passende Jagdtermin vereinbart. Es wurde mir auch mitgeteilt, welches Wild zu bejagen war. Wir hatten eine breite Palette von zu bejagendem Wild. Es war dies Reh-, Rot-, Muffel- und Gamswild. Auch Auer- und Birkhahnen gehörten im Frühjahr dazu.

Vor der Rehbrunft im Juli hatte uns die Herrschaft alljährlich zu einem „Anfangsrapport“ in das Jagdschloss auf der Hochalm eingeladen. Alle Berufsjäger und auch einige Förster waren dort anwesend, um die Vorstellungen und Wünsche der Herrschaft in Empfang zu nehmen. Zumindest einige Jagdgäste wurden uns ebenso dort vorgestellt und man hatte auf diese Weise die Möglichkeit, sich schon vor der eigentlichen Jagd kennenzulernen.

Die bei der späteren Jagd dann erlegten Rehböcke mussten sofort ausgekocht und beim „Schlussrapport" vorgelegt werden. Auf jagdliche Tradition wurde bei diesen Zusammenkünften immer besonderer Wert gelegt - mit einer Bluejean durfte man dort zum Beispiel nicht hinkommen!

Bei der Fülle von Aufgaben wurde mir nicht langweilig. Vor allem im Sommer während der Rehbrunft kommt man als Jäger kaum zu Schlaf! Abends kann es nach der Jagd bis in die späten Abendstunden dauern und morgens beginnt der Arbeitstag bereits um 4 Uhr früh. Das kann sehr anstrengend sein, ist aber eben mit dem Berufsbild verbunden und ganz normal. Das gilt aber nicht nur für mich, sondern für alle Berufsjäger allgemein.

Eine weitere Aufgabe im Sommer ist die Wildfutterorganisation und Einlagerung des Futters. Ein Teil des Futters wurde vom Betrieb zur Verfügung gestellt. Einen weiteren Teil habe ich mir selbst organisiert. Darüber wird später noch ausführlich berichtet.

Im Winter ist das Wild zu füttern. Die Futterperiode dauert jeweils von Oktober bis Mitte Mai. Wie schon berichtet befindet sich in der Hinterschladnitz unterhalb des Pöllasattels ein Rotwildgatter mit einer Fütterung. Es musste täglich gefüttert werden. Diese Arbeit bestand aus zwei unterschiedlichen Tätigkeiten: Das Raufutter – Heu und Grummet – wurde mit der Heugabel vom Heulager zu den Futterkrippen getragen. Das Saftfutter, vor allem Maissilage, wurde mit einer Scheibtruhe oder mit einem Schlitten zu den einzelnen Futtertischen transportiert. Diese mussten bei Neuschnee vorher natürlich gesäubert werden. Heute wird für diese Arbeiten meistens ein Traktor eingesetzt. Den gab es damals für uns Berufsjäger aber noch nicht.

Die Futterperiode für das Rotwild dauerte also bis zu acht Monate jährlich.

Dazu eine Information für Nichtjäger: Das Wild wird deshalb so lange gefüttert, um Schäden an und in den Wäldern zu verhindern. Wie vorher erwähnt, ist das Gleinalmgebiet stark bewaldet. Die Forstwirtschaft spielt dort daher eine wichtige Rolle. Durch die gezielte Wildfütterung werden hauptsächlich Schälschäden, aber auch Verbissschäden an den Fichtenkulturen verhindert.

Von meiner Dienstwohnung bis zum Gatter war täglich eine Wegstrecke von vierzehn Kilometer zurückzulegen. Je nach Schneelage konnte dieser Weg sehr anstrengend sein. Gleich neben der Rotwildfütterung befand sich die Fütterung für das Muffelwild. Auch diese musste betreut und beschickt werden. Die

Rehfütterungen waren im ganzen Revier verstreut und wurden mehrmals wöchentlich kontrolliert und beschickt.

Ich will mich keinesfalls über diese verschiedenartigsten und teilweise anstrengenden Arbeiten beklagen. Ich war selbstständig, stolz auf meinen außerordentlich schönen und abwechslungsreichen Beruf und konnte mir den Arbeitstag weitgehend selbst einteilen.

Das Wohl des Wildes stand für mich aber stets im Mittelpunkt!

Aufbau des Reviers Hinterschladnitz

Nach Übernahme des Reviers machte ich mich sofort an die Arbeit und ging Schritt für Schritt vor. Es waren zahlreiche neue Hochsitze und Salzlecken zu bauen. Von den vorhandenen Rehfütterungen waren einige zu sanieren und etliche mussten überhaupt neu gebaut werden. Die Einzäunungen waren zum größten Teil in einem desolaten Zustand und wurden ebenfalls ausgebessert oder neu gebaut. Besonders interessant war die Tatsache, dass die Zäune beim Wintergatter kaputt waren. Eine Revieranlage nach der anderen wurde so von mir also neu errichtet oder repariert.

Im ersten Jahr meiner Tätigkeit in der Hinterschladnitz konnten jedoch nur Teile von diesem, mir selbst auferlegten Programm erledigt werden. Es war dies ein Prozess, der mehrere Jahre dauern sollte. Es war im ersten Jahr meiner Tätigkeit einfach nicht möglich, gleich alles zu sanieren oder neu zu bauen - es war ja gleichzeitig auch der ganz normale Jagdbetrieb zu bewerkstelligen. Die wichtigsten Arbeiten wurden jedoch vorgezogen.

Eine Information für Nichtjäger: Die Rehfütterungen müssen eingezäunt werden, um zu verhindern, dass sie vom Rotwild leergefressen werden. Außerdem würde sich das Rotwild im Umkreis der Rehfütterungen einstellen und Schaden am und im Wald verursachen. Für das Rotwild gibt es daher ein eigenes Wintergatter mit der dortigen Hoch- oder Rotwildfütterung. Die Hirsche, Tiere und Kälber merken sich diese Futterplätze und kommen Jahr für Jahr zurück.

Man darf ja nicht vergessen: Würden sie zum Beispiel eine nicht eingezäunte Rehfütterung entdecken, würden sie nicht mehr ins Wintergatter einspringen und so wieder Schaden verursachen.

Es gab auch eine Reihe von Pirschsteigen, die ich erst nach und nach erkunden und kennenlernen musste. Diese waren teilweise jedoch bereits verwachsen, also regelrecht verwildert und in schlechtem Zustand.

Hier halfen mir die beiden Revierförster. Sie stellten mir SchichtlerInnen für die Pflege der oft kilometerlangen Steige zur Verfügung. SchichtlerInnen waren meistens geringfügig

Beschäftigte oder teilbeschäftigte Frauen, die sich während der Sommermonate so etwas Geld dazu verdienten.

Erste Erfolge als Berufsjäger

Für mich stand von Anfang an ganz klar fest, dass ich das mir anvertraute Revier entsprechend aufbauen und ordentlich entwickeln wollte. Es sollte innerhalb des Mayr-Melnhof´schen Betriebes ein Vorzeigerevier werden!

Vieles, was ich mir in diesem Zusammenhang in den Kopf gesetzt habe, konnte im Verlauf meiner 15-jährigen Tätigkeit auch umgesetzt werden. In der Folge berichte ich daher über Erfolge, an welche ich mich noch heute gerne zurückerinnere.

Eine Grundvoraussetzung für meine Arbeit war das gute Verhältnis und Vertrauen zum Gutsbesitzer und auch Landesjägermeister, dem von mir sehr geschätzten und später bekanntlich mit seinem Ferrari im Kanaltal in Italien verunglückten Baron Dr. Franz Mayr-Melnhof-Saurau. Es beruhte sicher auf Gegenseitigkeit – der Herr Baron schätzte wohl auch meine Arbeit. Wohl nicht zuletzt deshalb nahm er mich im Jahre 1992 sogar als Leibjäger und Büchsenspanner zu einer Fasanenjagd nach England mit.

Es gab für mich im Wesentlichen zwei Ziele: Einerseits mussten sämtliche Reviereinrichtungen auf Vordermann gebracht oder überhaupt neu gebaut werden. Das zweite Ziel war der Aufbau eines gesunden Wildstandes, mit guten oder auch kapitalen Trophäenträgern. Dieses Ziel bezieht sich hauptsächlich auf Hirsche und Rehböcke.

Die Reviereinrichtungen waren bald so, wie ich es mir vorgestellt hatte. Dieser Arbeitsprozess dauerte aber immerhin auch zwei bis drei Jahre. Anzumerken ist in diesem Zusammenhang, dass diese Anlagen nach der Neuerrichtung oder der Reparatur auch weiterhin instand zu halten waren. Eine Motorsäge gehörte daher zu meiner Ausrüstung genauso dazu wie das Jagdgewehr. Diese Instandhaltungsarbeiten sind also immer erforderlich und gehören auch zum Beruf und Jägeralltag.

Mein Hauptaugenmerk als Jäger war aber natürlich auf die Entwicklung des Wildstandes und der Qualität des Wildes gerichtet. Hier beschränkten sich die Möglichkeiten auf einzelne Maßnahmen. Die unbedingte Selektion beim Abschuss, bezogen auf altes und krankes Wild, ist hier zu erwähnen. Das erforderte natürlich die ständige Anwesenheit im Revier, um die richtigen Stücke herauszufinden und dann zu erlegen.

Für das Wild ist auch das Nahrungsangebot, vor allem im Winter, von großer Bedeutung. In den hinteren und höheren Lagen des Revieres lag oftmals sehr viel Schnee. Das Wild hatte demnach wenig natürliche Nahrung und musste gefüttert werden. Das war wiederum auch eine meiner Aufgaben.

Verhandlungen mit meinen Vorgesetzten im Betrieb über die entsprechenden Futtermengen waren alljährlich erforderlich. Der Betrieb wollte natürlich eher sparen – aber ich wollte immer noch mehr! Das Futter war nicht kostenlos. Es ist jedoch in der Folge immer wieder zu Kompromissen gekommen - und beide Seiten waren am Schluss zufrieden.

Und der Erfolg blieb nicht aus! Besonders aber der strukturierte Altersaufbau beim Rotwild ist nicht so einfach von heute auf morgen möglich. Bis jagdbare Hirsche vorhanden sind, dauert es mehrere Jahre. Es ist mir aber auch das geglückt. Wie schon erwähnt, gab es bei meiner Übernahme des Revieres Hinterschladnitz anfangs ja kaum jagdbare Hirsche.

Eine Information für Nichtjäger: Junge Hirsche vom vollendeten 2. bis zum 5. Lebensjahr gehören zur Klasse III. Vom vollendeten 5. bis zum 10. Lebensjahr befinden sich diese Hirsche in einer Schonklasse – das ist die Klasse II - und sollten daher nicht erlegt werden. Ab einem Alter von 10 Jahren spricht man von jagdbaren Hirschen oder Erntehirschen der Klasse I.

Ich hatte insgesamt etwa 100 Stück Rotwild – Hirsche, Tiere und Kälber - übernommen, darunter waren aber, bis auf ganz wenige Ausnahmefälle, keine jagdbaren Hirsche.

Bei der Übergabe des Revieres anlässlich meiner späteren Übersiedlung in das Kaisertal konnte ich rund 140 Stück Rotwild übergeben. Davon waren nun aber auch ca. 30 jagdbare Hirsche! Mein Nachfolger hatte es also von daher wesentlich leichter.

Beim Rehwild geht der Aufbau viel schneller. Intensive Bejagung auf schlecht veranlagte Böcke und Geißen ist wichtig. Gut veranlagte Stücke sind zu schonen und nach Möglichkeit im Winter ausreichend zu füttern.

Dieser Grundsatz gilt natürlich nicht nur für das Schladnitz-Revier, sondern ist allgemein gültig.

Die Organisation und Gewinnung des Wildfutters

Ich hatte immer das Gefühl, zu wenig Futter für das Wild zu haben. Ich stellte daher Überlegungen an, wie ich diese Situation verbessern nun könnte.

Der Betrieb stellte das Raufutter – Heu und Grummet – zur Verfügung. Außerdem wurden kleinere Mengen an Mais und Maissilage geliefert. Ich bekam die Erlaubnis, den Mais von der Mayr-Melnhof´schen Landwirtschaft – dem Pichlhof in

Frohnleiten – selbst abzuholen. Von der betriebsinternen Buchhaltung wurden mir für den Mais und die Transportkosten 22.000,- Schilling genehmigt.

Ein Leobener Unternehmer stellte mir für den Transport einen Lastkraftwagen kostenlos zur Verfügung. Da für den Betrieb nun keine Transportkosten anfielen, hatte ich so mehr Geld für den Mais. Ich konnte dadurch also einige Säcke mehr laden!

Der Pichlhof-Verwalter gab mir den Schlüssel für das Maislager. Einige Freunde halfen mir beim Abfüllen des Maises in 50 kg-Jutesäcke. In den Säcken hatten aber rund 60 kg Platz. Wir waren beim Abfüllen also nicht so genau bzw. eher etwas großzügiger und füllten möglicherweise etwas mehr ein. Der Verwalter sah bei der Rückgabe des Schlüssels nur kurz hin und lächelte, weil er genau wusste, was Sache war! Er drückte aber alle Augen zu und ließ uns fahren. Aber - wir taten das letztendlich ja nur für die guten Rehböcke und Hirsche des Herrn Baron!

Ich hatte in meiner Lehrzeit auch gelernt, wie man aus Himbeer- und Eschenlaub ein nahrhaftes Wildfutter erzeugt.

Meine Gattin half mir bei dieser „Ernte". Sie wurde für diese anstrengende Arbeit jedoch nicht extra bezahlt. Sie machte das einfach für mich. Wir erzeugten jährlich eine große Menge einsiliertes, hoch nahrhaftes Himbeer- und Eschenlaub. Für den Betrieb sind dafür also keine Kosten angefallen.

Im dicht bewaldeten Schladnitzgraben wuchsen auch sehr viele Eierschwammmerl. Als Jäger, der täglich im Revier unterwegs war, wusste ich, wo die vielen Schwammerl zu finden waren. Meine Gattin und ich sammelten natürlich viele Kilo Eierschwammerl. Auf diese Weise kamen jährlich über 20.000,- Schilling Ertrag zusammen! Heute wäre das unmöglich und streng verboten! Damals aber gab es wohl in jedem Graben eine Eierschwammerl-Sammelstelle. Dort konnte man die Schwammerl verkaufen. Es wurden bis zu 60,- Schilling pro Kilo bezahlt.

Mit diesem Geld wiederum kaufte ich bei der Uitzmühle in Knittelfeld Sesam. Das ist ein eiweißreiches Futter für Wiederkäuer und fördert den Trophäenaufbau.

Der Erfolg stellte sich ein

Das übernommene und abgewirtschaftete Revier entwickelte sich, wie erwartet, langsam zu einem Vorzeigerevier. Es war dies ein Prozess, der schon einige Jahre dauerte. Es ist jedoch von Jahr zu Jahr merklich besser geworden. Starke jagdbare Hirsche und kapitale Rehböcke waren nun keine Seltenheit mehr! Die selektive Jagd mit der Büchse und das ausgewogene Futter haben maßgeblich dazu beigetragen.

Der stärkste Rehbock in dieser Zeit war der „*Langwiesen Bock*". Er war für den Gutsbesitzer, den Herrn Baron Dr. Franz Mayr-Melnhof, reserviert. Dieser Bock war standorttreu und wurde gelegentlich auch bestätigt. Er war hochkapital. Als er 4 Jahre alt war, hatte ihn der Gutsbesitzer zum ersten Mal gesehen. Er hatte da auf den Abschuss verzichtet, weil der Bock zu diesem Zeitpunkt noch zu jung war. Zwei Jahre später wurde er erlegt. Es war ein Bock der Klasse I und die Trophäe hatte das unglaubliche Gewicht von 730 g!

Dessen Abwürfe wurden zuvor von mir und etlichen Freunden immer wieder gesucht und auch gefunden. Ich wusste also ganz genau, wie alt dieser Bock war.

Eine Anekdote fällt mir in diesem Zusammenhang noch ein: Eine Krucke von diesem Bock konnte anfangs nicht gefunden werden. Der Herr Baron setzte eine Prämie für denjenigen aus, der diese finden würde. Wir wussten ungefähr, wo sich der Einstand des Bockes befand. Einer meiner damaligen Freunde fand nach langer Suche tatsächlich diese Krucke. Diese Suche ist vergleichbar mit der Suche nach einer Stecknadel in einem Heuhaufen. Er wurde dafür auf den Abschuss eines Hirsches eingeladen.

Eine Information für Nichtjäger: Starke Rehböcke zählen ab einem Alter von 5 Jahren zur Klasse I. Hätte man den Bock 4-jährig erlegt, hätte man dafür eine Strafe bekommen. Gut veranlagte Böcke sollen auch länger leben, um sich oftmals zu vererben und damit die Qualität des Rehwildes zu verbessern.

Die jahrelange sorgfältige Bewirtschaftung des Rehwildes hatte sich bald als Erfolgsgeschichte herausgestellt. Der vorher beschriebene hochkapitale „*Langwiesenbock*" war nicht der einzige. Es tauchten im Lauf der Jahre immer mehr gute und kapitale Böcke auf.

Nun aber zur Entwicklung des Rotwildes: Hier dauerte der Aufbau wesentlich länger. Ein Erntehirsch der Klasse I muss, wie schon erwähnt, mindestens 10 Jahre alt oder älter sein.

Gut veranlagte Junghirsche waren vorhanden und wurden geschont. So konnte von Jahr zu Jahr auch eine Verbesserung bei der Qualität des Rotwildes festgestellt werden. Wichtig für die Rotwildhege ist nicht zuletzt auch die Ruhe im Revier.

Den Abschuss der Tiere und Kälber erledigte ich oftmals mit meiner Büchse, die mit einem Schalldämpfer ausgestattet war. Das war damals zwar verboten, hatte aber den riesigen Vorteil, dass alles ganz ruhig ablief. Das Wild geriet aufgrund der Vermeidung des lauten Schussknalls nicht in Panik. Heute ist die Verwendung des Schalldämpfers gang und gäbe und natürlich auch gesetzlich zulässig.

So gelang mir also im Lauf der Jahre der Aufbau eines altersmäßig ausgewogenen und gesunden Wildstandes. Es waren letztendlich sowohl gut veranlagte Junghirsche, Hirsche der Klasse II und einige kapitale Erntehirsche im Revier. Jeder Berufsjäger wünscht sich das. Ich hatte über diese Erfolge natürlich auch sehr viel Freude!

Hier zwei Beispiele über meine stärksten Hirsche:

Einen ganz starken Hirsch taufte ich *„Goliath"*. Er hatte über 200 Nadlerpunkte.

Der nächste kapitale Hirsch wurde als *„der Saubere"* getauft. Er hatte 216 Nadlerpunkte.

Eine Information für Nichtjäger: Es gibt ein Punktesystem mit einer Formel für die Bewertung der Hirschtrophäen. Berücksichtigt werden hier im Wesentlichen die Anzahl der Enden, das Geweihgewicht und die Länge der Stangen. Diese Bewertung wird Nadlersystem genannt. Die höchste mögliche Punkteanzahl, die ein Hirsch bzw. ein Hirschgeweih erzielen kann, liegt bei ungefähr 230 Punkte. Wenn nun über einen Hirsch mit über 200 Nadlerpunkten gesprochen wird, weiß man sofort, dass es sich um einen starken – ja sogar kapitalen Hirsch handeln muss!

Es gibt auch ein zweites System – das sogenannte internationale Punktesystem. Dieses ist bei uns nicht gebräuchlich. Die Werte sind bei diesem System etwas höher als beim Nadlersystem.

Gründung einer Familie

Eine ganz normale Entwicklung - im Jahr 1975 lernte ich meine Frau Margarete kennen und lieben. Von mir und allen meinen Verwandten und Freunden wurde sie „Grete“ genannt. Im Jahr 1977 folgte auch die Hochzeit. Die kirchliche Trauung fand in der St. Ulrichkirche oberhalb von Seiz statt. Es war eine Trachtenhochzeit, musikalisch begleitet von zahlreichen Jagdhornbläsern.

Ich bekomme heute noch eine Gänsehaut, wenn ich mich daran erinnere! Viele Verwandte, Berufsjägerkollegen und Freunde - alle in Steirischen Festtagstrachten, Lederhosen und Dirndlgewänder gekleidet - nahmen teil. Die Tafel fand im damaligen Gasthof Stegmüller – heute Landhotel Stegmüller - in Schardorf statt.

Grete hatte eine landwirtschaftliche Ausbildung, was sich für unsere Zukunft als äußerst positiv erwies. Rund um mein Dienstwohnhaus befanden sich landwirtschaftliche Flächen, die bei meiner Berufsjägeranstellung als Deputat dabei und von uns zu bewirtschaften waren. Wir betrieben ab nun eine kleine

Landwirtschaft und organisierten die Viehhaltung. Es waren dies drei Kühe, zwei Schweine und einige Hühner. Es standen uns für die Futtergewinnung und Heuernte einige Ackerflächen und Wiesen zur Verfügung.

Unserer Ehe entsprangen schließlich auch zwei Kinder, Fritz und Sabine.

Es war eigentlich eine schöne Zeit, obwohl wir uns keinen Urlaub gönnten. Es gab immer etwas zu tun – entweder in der Landwirtschaft oder auch im Jagdbetrieb. Bei Berufsjägern mit Nebenerwerbslandwirtschaft ist das aber eine ganz normale Situation.

Erfolge im Sport

Nun folgen einige erwähnenswerte Ereignisse während meiner Dienstzeit in der Schladnitz:

Als Berufsjäger mit einer kleinen Landwirtschaft hat man kaum Urlaub. Flugreisen oder auch kleinere Reisen, wie für andere selbstverständlich - beispielsweise an die Adria, waren für uns nicht möglich. Ausnahmen bildeten jedoch die gelegentliche Teilnahme an Autobus-Ausflügen. Den gesetzlichen Urlaub verbrachten wir daher hauptsächlich im Schladnitzgraben. Das hinderte aber mich und auch meine Familie nicht daran, sportlich aktiv zu sein. Auf Grund meines Berufes war ich konditionell immer vorn dabei. Ausdauer und Kraft mussten nicht extra trainiert werden. Als Jäger war eine gute Kondition einfach notwendig und daher auch bei mir ausreichend vorhanden.

Sport war möglich, wurde von uns ausgeübt und bereitete uns viel Freude und Abwechslung!

In folgenden Sportarten war ich ab 1975 besonders erfolgreich: Es waren dies das Tontaubenschießen, Kugelschießen, Skifahren und Langlaufen. Auch ein Rodelrennen habe ich einmal gewonnen – das war aber eine Ausnahme!

Beim Schießsport stellten sich die meisten Erfolge ein. An der Schießstätte Ortnerhof in der Lainsach wurde eine „Tontaubengruppe" gegründet. Im Jahr 1981 wurde ich im Einzelbewerb Steirischer Meister im Tontaubenschießen. Landesmeister im Kugelschießen wurde ich im darauffolgenden Jahr. Der weithin bekannte und renommierte Büchsenmacher Scheiring aus Ferlach stellte mir für diesen Bewerb ein bestens abgestimmtes Jagdgewehr, Kaliber 6 x 50, zur Verfügung. Eine Familienfreundschaft verbindet uns bis heute mit den Scheirings.

Seit rund 70 Jahren gibt es den jährlichen Schießbewerb der Hegegemeinschaft Wildfeld. Man kann hier einen Wanderpokal gewinnen, indem man diesen Bewerb dreimal gewinnt. Es ist dabei auf 50 m stehend frei mit einer Büchse, Kaliber .22 Flobert, zu schießen. Ich gewann diesen Bewerb insgesamt dreimal. Außer mir ist dies nur noch dem Wildmeister Rudolf Jelinek und dem Berufsjäger Hermann Gerold, jeweils jedoch nur einmal, gelungen.

Das Schifahren bereitete mir auch sehr viel Freude. Mit meinen beiden Kindern nahm ich an zahlreichen lokalen Schirennen teil. Unter anderem gewann ich, inzwischen 43-jährig, das Rennen „Reiting Super G". Bei diesem Rennen waren 260 Starter gemeldet. Viele Pokale, die in meinem Archiv noch vorhanden sind, zeugen von den guten Platzierungen und der Teilnahme an vielen Schirennen. Sport – für mich eine schöne und zufriedenstellende Abwechslung zur Jagd.

Der Schwammerlkrieg

Das Eigentumsrecht erlaubt es den Grundbesitzern, das Sammeln von Beeren und Schwämmen auf ihrem Grund zu verbieten. Ende der 70er-Jahre hat der Betrieb Mayr-Melnhof von diesem Recht Gebrauch gemacht. Von den rund 30.000 ha Grund- und Waldflächen wurden ca. 5.000 ha gesperrt. Hauptsächlich in den hinteren Lagen des Gößgrabens, des Schladnitzgrabens, der Lainsach und der Lobming wurden rote Tafeln mit dem Hinweis „*Schwammerlsuchen ab hier verboten*" aufgestellt.

Das Jagd- und Forstpersonal wurde beauftragt, diese Sperre entsprechend zu kontrollieren. Der „Schwammerlkrieg" hatte damit begonnen. Als von der Bezirkshauptmannschaft beeidetes Organ hatte ich diese Maßnahme im Schladnitzgraben zu überwachen und bei Übertretungen einzuschreiten.

Ich nenne nun einige Gründe, warum dieses Schwammerlsuchverbot eingeführt wurde. Wie bereits erwähnt, gab es im ganzen Land Sammelstellen für Eierschwammerl. Das hatte im Lauf der Jahre dazu geführt, dass immer mehr Leute ihr Einkommen mit dem Sammeln und Verkauf von Schwammerl verbessern wollten. Es wurden damit beispielsweise sogar Autokäufe finanziert oder teilfinanziert.

Die Folge davon war jedoch, dass die Wälder wochenlang Tag für Tag von den Schwammerlsuchern, die oft auch von weither kamen, rigoros durchstöbert wurden.

Man darf nicht vergessen - das Wild wurde dadurch in Unruhe versetzt, hin- und hergetrieben und entsprechende Wildschäden wurden infolge dieser Beunruhigung der Tiere verursacht! Auch der Jagdbetrieb wurde empfindlich gestört und konnte nicht oder teilweise zumindest nur noch sehr erschwert ausgeübt werden.

Man suchte daher nach einer Lösung dieses Problems. Es wurden seitens der Forstverwaltung in Absprache mit der Gutsherrschaft entsprechende Überlegungen angestellt. Es wurde aufgrund dessen letztlich beschlossen, einen Teil der Flächen für das Sammeln von Beeren und Schwammerl zu sperren.

Für uns Jäger begann damit eine sehr schwierige Aufgabe. Viele Leute, die es gewohnt waren, überall Schwammerl zu suchen, waren natürlich nicht einsichtig. Es kam in der Schwammerlzeit beinahe täglich zu verbalen Auseinandersetzungen. Unsere Herrschaft wurde oft bösartig beschimpft. Äußerungen wie *„Aristokratenschweine, die nicht genug kriegen können"*, waren keine Seltenheit. Ein Wort ergab das andere.

Ich hatte damals ein besonders gutes Verhältnis zu meiner Herrschaft und verteidigte diese manchmal natürlich auch lautstärker. Der „Schwammerlkrieg" zehrte jedoch an meinen Nerven!

Es war damals und ist auch heute noch gesetzlich erlaubt, bis zu 2 kg Schwammerl für den Eigenbedarf zu sammeln. Nicht jedoch im Sperrgebiet! Einige hielten sich an dieses Gebot, viele aber eben auch nicht.

Der Verkauf dürfte auch damals schon verboten gewesen sein.

Ich ertappte immer wieder Schwammerlsucher, die schätzungsweise 10 kg und mehr aus den Wäldern herausschleppten. Ich nahm ihnen die Schwammerl ab, gab ihnen jedoch rund 2 kg für den Eigenbedarf zurück. Das führte natürlich trotzdem zu wütenden Protesten. Es kam manchmal sogar leider zu Handgreiflichkeiten.

Die abgenommenen Eierschwammerl übergab ich dem Altersheim in Donawitz. Ich ließ mir zur Sicherheit eine Bestätigung über die Abgabe ausstellen. Manche dieser Auseinandersetzungen endeten sogar vor dem Bezirksgericht.

In meinem nächsten Revier im Kaisertal stellte sich dieses Problem nicht mehr, denn im Reitinggebiet wachsen keine Eierschwammerl!

Der Schneefall im Jahr 1986

Anfang Februar 1986 hatte sich eine außergewöhnliche Wettersituation über der Steiermark aufgebaut. Es schneite tagelang und es bildete sich schließlich eine rund 2 m dicke Pulverschneedecke. Eine Katastrophe für das Wild! Vom Rotwild schauten nur noch die Häupter aus dem Schnee. Reh- und Gamswild konnte sich im tiefen Schnee kaum weiterbewegen. Es musste schnell geholfen werden!

An eine Fahrt mit dem Auto zu den Fütterungen war nicht mehr zu denken. Ich schnallte also meine Schi an und versuchte so zur Rotwildfütterung zu kommen. Es war eine anstrengende Tour. An einer Stelle war sogar eine Lawine auf die Straße abgegangen. Ich musste, um weiter zu kommen, mühsam über den Lawinenkegel klettern. Die Forstverwaltung hatte mir ein Funkgerät mitgegeben und ich musste mich stündlich beim Herrn Oberforstmeister

Dipl.-Ing. Jörg Rückert melden, um ihn über die Situation im Revier zu informieren.

Es gelang mir schließlich zur Fütterung vorzudringen. Bevor ich mit dem eigentlichen Füttern beginnen konnte, musste ich vorher aber zumindest Teile der Fütterung vom Schnee ausschaufeln. Das Rotwild war zahm geworden und schaute mir bei dieser anstrengenden Arbeit zu.

Die Hirsche, Tiere und Kälber schienen zu erkennen, dass sie von mir keine Angst haben mussten und dass ich ihnen helfen wollte.

Auch die Rehfütterungen wurden in den nächsten Tagen, eine nach der anderen, von mir ausgeschaufelt und mit Futter beschickt.

Vom Betrieb Mayr-Melnhof wurde nun sogar ein Hubschrauberunternehmen zum Futtertransport in unwegsame Lagen beauftragt! Es wurden auf diese Weise für das Gamswild rund 200 Ballen Heu in den Gleinalmbergen abgeworfen. Der Hubschrauber nahm die Ballen im Bereich der Säge in Göss auf und flog anschließend in Richtung Fenster- und Gleinalm. So konnte das Verhungern vieler Gämsen verhindert werden!

Eine solche extreme Situation hat sich in meinem Berufsjägerleben zum Glück nicht wiederholt!

Die Sandler

Als Berufsjäger ist man meistens allein im Revier unterwegs. Wir Jäger sind beeidete Organe, von daher auch für die Ordnung im Revier zuständig und von der Behörde eben dafür beeidet.

In meinem Revier gab es etwa 10 aufgelassene Gebäudeobjekte. Früher dienten diese Huben den Forstarbeitern als Wohnung. Es war ja schon allein vor der mangelnden Mobilität her nicht möglich, zum Beispiel in der Stadt zu wohnen und in irgendeiner abgelegenen Lage dann täglich Holzarbeiten durchzuführen. In diesen alten und grundsätzlich also leerstehenden Gebäuden wurden nun teilweise auch Wildfuttervorräte eingelagert.

Eines Tages hatten sich in einem solchen Objekt Sandler, also Obdachlose, einquartiert. Ich hatte diesmal bereits ein ungutes Gefühl, als ich mich dem Objekt näherte. Ich konnte schon von Weitem erkennen, dass hier etwas nicht stimmte! Sicherheitshalber nahm ich meine Pistole aus dem Jagdrucksack und ging ins Haus. Was ich hier erlebte, erschütterte und erschreckte mich. Mehrere völlig verwahrloste Personen hatten sich im abgelegenen Objekt einquartiert!

Ich forderte sie auf, sofort das Haus und auch das Revier zu verlassen, bevor ich die Polizei zu Hilfe holen würde. Ich erhielt freche Antworten und wurde auch bedroht. Ich hatte zwar ein mulmiges Gefühl, aber dennoch keine Angst!

Denn erstens war ich bewaffnet und außerdem hatte ich eine besondere Schulung.

Während meiner Ausbildung zum Berufsjäger meldete ich mich nämlich freiwillig zu einem Kurs in der Nahkampfschule in Graz an. Ein Herr Inspektor Körner schulte mich damals im „Nahkampf". Zu erwähnen in diesem Zusammenhang ist noch die Tatsache, dass ich damals auf Grund meiner Jugend und der teilweise schweren Arbeit körperlich auch nicht gerade schwächlich war.

Es gelang mir schließlich aber doch noch, diese Personen zum letztendlichen Verlassen des Objektes und des Revieres zu bewegen.

Auch das ist eine ungewohnte und natürlich nicht alltägliche Situation, mit der man aber als Berufsjäger auch konfrontiert werden kann und fertig werden muss. Es scheint halt im Leben nicht immer nur die Sonne!

Das Liebespaar

Von einer Forststraße vis à vis vom Rotwildgatter hatte man eine gute Sicht auf den Futterplatz. Von hier aus konnte man das Rotwild zudem ungestört bei der Nahrungsaufnahme beobachten. Das gehörte auch zu meiner Routinetätigkeit und wiederholte sich beinahe täglich.

Während einer dieser Beobachtungen verließ das Rotwild plötzlich fluchtartig den Futterplatz. Ich wusste vorerst nicht, was passiert war. Es musste jemand die Fütterung unerlaubt betreten haben - mein Blutdruck stieg gewaltig!

Ich fuhr also hinunter zur Fütterung. Direkt vor dem Tor stand ein Auto, obwohl hier strenges Fahrverbot herrschte. Ich parkte mein Auto in einiger Entfernung und stieg aus. Dann ging ich zu dem Fahrzeug, um nachzusehen und gegebenenfalls den Schutzdienst auszuüben.

Ich öffnete die Autotür und traute meinen Augen nicht! Ein Pärchen - mitten im Liebesakt! Die beiden waren zu Tode erschrocken. Ich wich also zurück und wartete, bis sich der Liebhaber angezogen hatte und ausgestiegen war. Es war ein jüngerer Bursche. Er war vor Schreck kreidebleich.

Inzwischen hatte ich mich auch wieder beruhigt und sorgte für die nötige Aufklärung - natürlich nur in jagdlicher Hinsicht! Die körperliche Liebe muss ja nicht unbedingt genau in einer Rotwildfütterung, noch dazu, wo die Benützung der Forststraße für den öffentlichen Verkehr verboten ist, erfolgen!

Die Suizide

Es ereigneten sich während meiner langjährigen Tätigkeit als Berufsjäger dann und wann leider auch extrem unangenehme Dinge. So zum Beispiel jene Selbstmorde bzw. auch Selbstmordversuche, welche während meiner Zeit im Schladnitzgraben passierten. Über zwei davon kann ich berichten:

Als ich eines Tages in den frühen Morgenstunden zur Rotwildfütterung fuhr, fiel mir ein auf einer Forststraße geparktes Auto auf. Das war nicht alltäglich und daher natürlich sehr auffällig. Als Revierverantwortlicher hielt ich beim Auto Nachschau. Die Fenster waren stark angelaufen, ich konnte aber erkennen, dass der Fahrer offensichtlich eingeschlafen war. Ich klopfte an, es rührte sich nichts - ich ahnte nun bereits, was passiert war. Da ich die Autotür trotz mehrfacher Versuche nicht öffnen konnte, fuhr ich schnell aus dem Graben hinaus und alarmierte die Polizei. Polizisten öffneten später mit Gewalt das Auto und stellten nur noch den Tod des Insassen fest. Dieser hatte sich im Auto leider das Leben genommen!

Es gab noch einen weiteren Fall – ich konnte diesem Fahrer jedoch vorerst noch das Leben retten! Wiederum kontrollierte ich ein im Revier untypischerweise abgestelltes Auto.

Das Motor lief und ich konnte rasch den Schlauch erkennen, der vom Auspuff mit dem Inneren des Fahrzeuges verbunden war. Ich riss den Schlauch heraus und öffnete das Auto. Ein verzweifelter Mann saß hinter dem Steuer.

Er lebte zum Glück noch. Ich versuchte ihn zu beruhigen und lud ihn ein, zu mir ins Jagdhaus auf einen Kaffee zu kommen. Er nahm diese Einladung sofort an. Er erzählte mir dann von seinen Lebensproblemen und ich versuchte ihn zu beruhigen. Wir sind dann im Guten auseinander gegangen. Später erfuhr ich, dass er sich zwei Wochen danach leider doch noch das Leben genommen hatte.

Diese Fälle sind vorgekommen - und man kann sie nie vergessen!

Bilanz im Revier Schladnitzgraben und meine Beförderung

Ich bin im Kaisertal aufgewachsen und mein Vater war dort jahrzehntelang Berufsjäger. Im Hintergrund bestand für mich immer der Wunsch, zu meinen Wurzeln zurückzukehren, was bedeutete, Revierjäger im Kaisertal zu werden. Mein Vater musste irgendwann schließlich ja altersbedingt seinen Ruhestand antreten. Dabei hatte aber natürlich auch der Betrieb ein „Wörtchen“ mitzureden!

Meine Leistungen - wichtiger noch speziell meine Erfolge im Revier Schladnitzgraben - waren auch meinen Vorgesetzten, besonders aber dem Herrn Baron Dr. Franz Mayr-Melnhof, nicht verborgen geblieben. Offenbar hatte auch die Herrschaft geplant, mir dieses wesentlich größere und wildreichere Revier im Kaiscrtal zu überantworten.

Es kam also im Jahr 1989 zum Abschied vom Revier Schladnitzgraben. Mit einem lachenden und einem weinenden Auge übergab ich das Revier meinem Nachfolger. Mir wurde der Wechsel ins Kaisertal zugesagt!

Über einige Erfolge im Revier Schladnitz möchte ich hier abschließend noch berichten. Ich habe bereits dargestellt, dass ich das Revier in einem schlechten Zustand übernommen hatte.

Es war für mich ganz normal, die meisten Reviereinrichtungen neu zu bauen, teilweise auch zu sanieren und vor allem auch instand zu halten. Das ist gelungen. Wichtiger für einen Jäger ist aber das Wild. Einen gesunden und artenreichen Wildstand aufzubauen und zur erhalten stand für mich immer im Vordergrund!

Ich konnte meinem Revier-Nachfolger, dem Berufsjäger Hans Hinterdorfer, rund 30 jagdbare Hirsche überlassen. Auch etliche kapitale Rehböcke waren nun im Revier. Leider verstarb mein Kollege nach einigen Jahren und viel zu früh infolge eines Zeckenbisses an Borreliose.

Ich jedoch war anlässlich des geplanten Revierwechsels natürlich glücklich und durfte bereits bei einer im Kaisertal geplanten Investition mitreden. Der Herr Baron hatte mich zu den Besprechungen über den Neubau einer Rotwildfütterung auf Grund meiner Erfahrung noch vor dem eigentlichen Revierwechsel hinzugezogen. Mein Vater war zwar noch im Dienst, er mischte sich da aber nicht mehr ein. Es wurde eine der in der Steiermark am großzügigsten angelegten Wildfütterungen geplant und anschließend dann auch gebaut.

Einige Worte dazu: Es gab seitens der Bauabteilung verschiedene Planungen und auch Kostenschätzungen und Kostenvoranschläge. Ich wurde darüber in Kenntnis gesetzt und durfte mir das ganz genau anschauen.

Auf Grund verschiedener Verbesserungsvorschläge meinerseits konnte letztendlich eine Preisersparnis von mehreren hunderttausend Schilling erzielt werden. Der Betrieb war darüber sehr zufrieden und ich als zukünftiger Berufsjäger im Kaisertal ebenfalls!

Zu meiner großen Überraschung hielt der Herr Baron etwas später anlässlich einer Klementifeier eine Ansprache. Unter anderem sagte er dabei: „*Gott sei Dank haben wir jemanden, der zu uns steht!*" Bei dieser Feier erfolgte meine Beförderung vom Jäger zum Oberjäger. Ich war nur mehr sprachlos - was bei mir eigentlich eher selten vorkommt!

Berufsjäger im Revier Kaisertal

Am 1.1.1990 übernahm ich das Revier Kaisertal, in welchem ich, wie schon beschrieben, als Kind aufgewachsen war. Im Kapitel *Reitingheimat* wurde schon einiges über dieses Revier und die Vorlagen – einer Landschaft ähnlich einem englischen Garten - berichtet. Mein Wunsch und mein Kindheitstraum waren nun in Erfüllung gegangen!

Vieles war mir daher bereits bekannt. Revierteile, Namen, Jagdhütten, Reviereinrichtungen usw. musste ich nicht mehr neu erkunden, da mir das meiste aus meiner Kindheit und auch von den Besuchen bei meinen Eltern bekannt war.

Nun einige Details und Ergänzungen zum Revier und der Landschaft. Der Jägerhof mit dem Namen „Fürst“ liegt direkt am Waldrand unter dem steilen Anstieg am Fuße des Reitings. Diese kleine Siedlung besteht aus dem Wohnhaus für den Berufsjäger, einem Haus für Schichtarbeiter und zwei Wirtschaftsgebäuden. Rund herum befinden sich 16 ha Wiesen. Diese wurden zum Teil von meinen Eltern für den Betrieb der kleinen Landwirtschaft genutzt. Die übrigen Flächen wurden und werden auch heute noch zur Gewinnung von Heu und Grummet für die Wildfütterung benötigt.

Eine Forststraße führt von Mochl durch den Hof und weiter in Richtung Dirnsdorf und Seiz. Diese Straße wird auch häufig von Moutainbikern und Sparziergängern genutzt. Für den allgemeinen Fahrzeugverkehr ist diese Straße zwar grundsätzlich gesperrt – von mir wurde aber nie jemand angezeigt, der die Straße unbefugt benutzt hat. Im Gegenteil - ich führte mit den Leuten oft aufklärende Gespräche und lud sie sogar manchmal auf ein Getränk ins Haus ein. Ich tat das schließlich auch im Interesse des Betriebes.

Von hier aus wird also das Revier Kaisertal jagdlich verwaltet. Dieses umfasst eine Größe von rund 2.500 ha. Im Süden über die Vorlagen reicht das Revier teilweise bis zur Liesing und der Landesstraße, welche von Edling nach Seiz führt. Große Teile dieser Flächen befinden sich in bäuerlichem Besitz und sind Teil der Gemeindejagd Kammern. Sie gehören aber seit vielen Jahrzehnten zum Revier Kaisertal und wurden regelmäßig vom Betrieb Mayr-Melnhof gepachtet.

Etwa 300 m südlich des Jagdhofes verläuft der rund vierzig Kilometer lange Rotwild-Abwehrzaun. Durch diesen wird das Auswechseln des Rotwildes auf die Vorlagen und Felder der Bauern verhindert. Wildschäden werden dadurch vermieden oder zumindest aber in Grenzen gehalten.

Nördlich des Jagdhofes beginnt steil ansteigend das Reitingmassiv. Das Jagdrevier erstreckt sich vom Kaisertal auf die

Ruprechtalm, über den Klauen und weiter über die Kahlwandspitze und den Grieskogel bis zum Gößeck.

Im Westen, in Richtung Kammern im Liesingtal, befindet sich das Nachbarrevier, welches ebenfalls zum Betrieb Mayr-Melnhof gehört und von meinen Berufsjägerkollegen verwaltet wurde. Im Osten grenzt das Revier teilweise an die Gemeindejagd Gai und auch an das Mayr-Melnhof´sche Revier Vordergößgraben.

Vom Jagdhaus weg führt nördlich eine Forststraße ca. 300 m leicht bergwärts zur großen Kaisertal-Rotwildfütterung. Wie bereits berichtet, wurde diese im Jahr 1989, also im Jahr vor meinem Dienstantritt, im Kaisertal neu gebaut und großzügig ausgestattet. Ich durfte bei der Planung und Ausführung, wie schon erwähnt, mitwirken, obwohl ich zu diesem Zeitpunkt noch Jäger in der Schladnitz war.

In meiner Kindheit und Jugend gab es noch zwei Rotwildfütterungen. Die aufgelassene alte Kaisertalfütterung und die Fallgrabenfütterung. Beide wurden nun durch die moderne und neu errichtete Fütterung unweit des Jagdhauses ersetzt. Hier beginnt auch ein steil ansteigender Jägersteig, der auf den Restriedel und zur Resthütte führt. Wie bereits im ersten Teil des Buches berichtet, kommt man von der Resthütte weiter durch das Bärental auf das Wildfeld und das Gößeck. Zahlreiche weitere Jagdsteige über das gesamte Bergmassiv beginnen oder enden bei der Resthütte.

In meiner Kindheit und teilweise auch Jugend stand meinem Vater für die Winterfütterung des Rotwildes ein Haflingerpferd mit Schlitten zur Verfügung. Nach dem Pensionsantritt der Eltern wurde die Kleinlandwirtschaft aufgelöst. Die Zeiten hatten sich geändert. Es wurden mir vom Betrieb nun ein Traktor sowie alle notwendigen Geräte und Maschinen für die Bewirtschaftung des Revieres zur Verfügung gestellt.

Das Dienst-Wohnhaus

Meine Kindheit bis hin zur Lehrzeit hatte ich im Jagdhaus „Fürst" in Mochl, Gemeinde Kammern im Liesingtal, verbracht. In dieses Haus kehrte ich nun als Jäger im Kaisertal zurück. Auch bei diesem Objekt hatte der Zahn der Zeit genagt. Es war nach der 40-jährigen Benützung durch meine Eltern natürlich auch da und dort bereits etwas abgewohnt. Der Betrieb stellte für die Renovierung des Anwesens das notwendige Geld zur Verfügung. Es wurde in Zusammenarbeit mit der betrieblichen Bauabteilung alles ausgemalt und renoviert. Eine neue Pellets-Heizung wurde eingebaut und das Badezimmer erneuert.

Meine Ziele im Revier Kaisertal

Wie auch zu Beginn meiner beruflichen Tätigkeit im Revier Schladnitzgraben hatte ich mir nun auch für das neue Revier Kaisertal viel vorgenommen. Eine neue Rotwildfütterung war bereits vorhanden; es gab jedoch viele Rehfütterungen, Hochsitze und Salzlecken, die auch bereits in die Jahre gekommen waren. Ich begann also ähnlich wie in der Schladnitz, baute neue Fütterungen, renovierte und vergrößerte bereits vorhandene Anlagen.

Einen großen Unterschied stellte jedoch die Tatsache dar, dass mein Vater rund vierzig Jahre Berufsjäger im Kaisertal gewesen war. Er hatte mir das Revier in einem ordentlichen Zustand übergeben. Wir hatten in der Übergangsphase viele gemeinsame Gespräche, was da und dort zu tun wäre und verbessert werden könnte. Ich hatte meinerseits viele Ideen und natürlich auch meine eigenen Vorstellungen, die sich halt teilweise von jenen meines Vaters unterschieden.

Eine ganz wichtige Erkenntnis aus seinem Berufsleben gab er mir jedoch mit: *„Du musst Dich mit den ortsansässigen Bauern gut verstehen! Du musst versuchen, mit den Grundbesitzern, auf deren Grund Du auch die Jagd ausübst, gut auszukommen!“*

Ich habe diesen Rat meines Vaters stets beherzigt und versucht, mein Bestes zu geben. Man darf nicht vergessen: Ein Teil des Revieres bestand ja aus der dazu gepachteten Gemeindejagd Kammern. Die Grundstückseigentümer waren zum größten Teil Landwirte. Es ist mir hier auch gelungen, den Rat meines Vaters umzusetzen und ich hatte bis zum Schluss meiner beruflichen Tätigkeit viele Freunde unter den Grundbesitzern.

Im Gegensatz zu meinem Schladnitzrevier waren bei der Übernahme diesmal bereits zahlreiche jagdbare Hirsche im neuen Revier vorhanden! Ich war aber ehrgeizig und wollte natürlich noch besser sein als mein Vater, obwohl er in der Steiermark als anerkannter Rotwildexperte galt. Darüber wird im Kapitel „Die Rotwildjagd im Kaisertal" noch genauer berichtet.

Gleich vorweg – ich war nicht besser als mein Vater! In der Rehwildbewirtschaftung hatte ich jedoch mehr Erfahrung. Das Rehwild war für ihn nicht wirklich vorrangig gewesen. Er liebte seine kapitalen Hirsche.

Ich machte mir nun also auch viele Gedanken, wie man im Revier die Rehwildbewirtschaftung verbessern könnte, um, ähnlich wie im Revier Hinterschladnitz, zu kapitalen Rehböcken zu kommen. Darauf wird im nächsten Kapitel „Rehwildhege und Jagd im Kaisertal" näher eingegangen.

Rehwildhege und Jagd im Kaisertal

Ich war verwöhnt von meinen Erfolgen im Revier Hinterschladnitz. Ich hatte dort im Lauf der Jahre eine ganze Reihe an kapitalen Rehböcken. Dasselbe wollte ich nun auch im Kaisertal!

Mehrere Maßnahmen hatten diesbezüglich in der Schladnitz zum Erfolg geführt. Es war dies der vorrangige Abschuss von alten, kranken und schwachen Stücken. Weiters spielte auch das Futter eine große Rolle! Es musste jedenfalls genug davon vorhanden sein. Dafür hatte ich mich, wie beschrieben, ganz massiv eingesetzt und auch selbst bei der Futterorganisation mit dem erwirtschafteten Schwammerlgeld, dem Himbeer- und Eschenlaub sowie dem großzügigen Sackbefüllen des Pichlhof-Maises tatkräftig mitgewirkt! Die Rehfütterungen waren im Schladnitzrevier nach meinen Vorstellungen umgebaut worden. All das wollte ich nun auch in meinem neuen Revier umsetzen.

Ab dem Jahr 1973 wurde das Revier Kaisertal an Abschussnehmern verpachtet. Diese wollten nicht nur kapitale Hirsche, sondern natürlich auch starke und kapitale Rehböcke sehen! Unabhängig vom Wildfutter, welches mir der Betrieb zur Verfügung stellte, wurden von den Pächtern bzw. Abschussnehmern nun zusätzliche Mittel für den Ankauf von Kraftfutter zur Verfügung gestellt.

Ich konnte selbst jährlich etliche Tonnen eiweißhaltiges Futter für die Rehe organisieren. Futter war also genug vorhanden - eine der Grundvoraussetzungen für starke Böcke!

Die nächste Maßnahme war der Umbau sämtlicher Rehfütterungen. Ich hatte die Erfahrung gemacht, dass Rehfütterungen wesentlich größer sein mussten als dies früher gewöhnlich der Fall war. Ähnlich wie bei Rotwildfütterungen stellte ich also eine Reihe von Reh-Futtertrögen auf. Auch mehrere Heuraufen wurden zusätzlich neu angelegt. Das hatte zur Folge, dass viele Rehe gleichzeitig Futter aufnehmen konnten, ohne sich gegenseitig zu behindern. Auch schwächere Stücke bekamen nun genug Futter. Diese Fütterungen waren eingezäunt, um zu verhindern, dass Rotwild die Rehfütterungen entleert.

Nach einigen Jahren musste ich leider resigniert feststellen, dass trotz allem der angestrebte und geplante Erfolg ausgeblieben war. Ich hatte zwar einen stabilen Rehwildstand von rund 250 Stück. Ganz starke oder kapitale Rehböcke waren jedoch eher selten darunter.

Ich stellte immer wieder Vergleiche mit meinem vorigen Revier an und fragte mich - was war dort anders – was hatte ich dort besser gemacht?

Ich kam zu folgendem Schluss: Das eiweißhaltige Kraftfutter, welches von den Pächtern zur Verfügung gestellt wurde, hatte zu keiner Verbesserung der Trophäen geführt. Im Schladnitzrevier hatte ich zusätzlich große Mengen an Himbeerlaub und Eschenlaub verfüttert. Dieses Futter war für den Wiederkäuermagen wesentlich naturnaher und daher offensichtlich besser geeignet als das pulverförmige Kraftfutter. Das Kraftfutter der Uitz-Mühle hatte sich im Schladnitzrevier auch gut bewährt. Dieses hatte ich im Kaisertal nun jedoch nicht mehr zur Verfügung.

Für die Gewinnung des erwähnten Himbeer- und Eschenlaubes hatte ich im Kaisertal nicht mehr die Zeit. Es war ja jährlich ein Gesamtabschuss von immerhin rund 120 Stück zu bewältigen.

Es gab aber noch einen Unterschied zum Schladnitzrevier! Die Winter waren dort auf Grund der Höhenlage wesentlich strenger. Die hohe Schneedecke lag dort demnach auch viel länger. Das Rehwild war so gezwungen, monatelang bzw. also länger die Fütterungen aufzusuchen, einfach, um zu überleben. Dies wieder dürfte sich jedoch auf die Entwicklung der Trophäen positiv ausgewirkt haben. Die genetischen Voraussetzungen (Erbgut) dürften natürlich auch eine Rolle gespielt haben.

Trotz aller Enttäuschungen gab ich meine Bemühungen für das Rehwild nicht auf. Meine Erkenntnis daraus ist - es lässt sich in der Natur halt nicht alles erzwingen.

Über eine weitere Erfahrung berichte ich hier noch: Ich hatte im Lauf der Jahre rund 500 Rehkitze mit einer Ohrmarke versehen. Von diesen markierten Rehen wurden in meinem eigenen Revier nur maximal 10 % erlegt. Die markierten Rehe verbreiteten sich interessanterweise in einem Umkreis von bis zu dreißig Kilometer! Ich wurde immer wieder informiert, wenn ein Reh mit einer Marke außerhalb meines Revieres erlegt wurde. Ebenso interessant ist in diesem Zusammenhang die Tatsache, dass die Kiefer- bzw. Zahnabnützung - entgegen der allgemeinen Lehrmeinung - oft überhaupt nicht mit dem tatsächlichen Alter übereingestimmt hatte bzw. demnach übereinstimmt. Das genaue Alter der jeweiligen Rehe war mir ja auf Grund der Ohrmarke bekannt!

Eine Information für Nichtjäger: Bei Rehtrophäen wird das Alter eines Rehbockes auf Grund der Abnützung der Zähne geschätzt. Meine beweisbare Erfahrung hat aber gezeigt, dass diese Altersbestimmung sehr oft nicht stimmt!

Die Markierung der Rehkitze erfolgte jeweils auf Wiesen. Die Rehgeißen legen ihre Kitze im hohen Gras ab. Wenn man sich nähert, verlassen die Geißen den Platz und man findet das Kitz. Es wird beim Kitz dann mit Hilfe einer Markierzange eine Ohrmarke angebracht. In dieser Ohrmarke befindet sich die Jahreszahl. So kann man bei einem erlegten Reh auch im Nachhinein das genaue Alter bestimmen.

Über zwei Rehfütterungen, die mir besondere Freude bereiteten, möchte ich hier ergänzend berichten:

Auf den Wiesen bzw. am Waldrand westlich von Mochl in den Vorlagen befand sich die Hasenfeld-Fütterung. Diese Fütterung wurde von rund 60 Rehen angenommen. Leider wurde diese Fütterung von meinem Nachfolger aufgelassen. Die Folge dürfte bis heute leider der Verkehrsunfallstod unzähliger Rehe auf der nahliegenden Landesstraße sein, welche von Edling nach Seiz führt.

Die zweite „Großfütterung“ befand sich in der Nähe meines Jagdwohnhauses. Ich konnte die Rehe vom Küchenfenster aus den ganzen Tag beobachten. Sie waren extrem vertraut, da ich sie in diesem Bereich schonte und nur sehr selten bejagte. Mit dem Spektiv konnte man jeden Rehbock ansprechen und analysieren. Auch meine vielen Gäste erfreuten sich stets daran und waren sehr interessiert!

Rehkrucken – Abwürfe

Vorerst eine Information für Nichtjäger: Rehböcke werfen ihre Krucken (Rehkrickerl) im Spätherbst und Winter jährlich ab. Bis zum Frühsommer wird ein neues „*Gehörn*“ geschoben. Die abgeworfenen Krucken, die sogenannten Abwürfe, liegen oftmals bei der Fütterung oder sonst irgendwo im Revier. Man kann diese zwar suchen – findet aber bei weitem nicht immer alle. Wenn man sich jedoch bemüht, kann man eine größere Anzahl davon finden.

Ich hatte das Glück, im Revier Schladnitzgraben auf Grund der hohen Schneelage sehr viele Abwürfe gefunden zu haben. Natürlich strebte ich dies auch im Kaisertal an.

Um dieses Ziel zu erreichen, brachte ich an den Futtertrögen im Abstand von 22 cm oberhalb des Futters Stangen an. Um bei der Aufnahme des Futters an den Trog heranzukommen, stießen die Rehböcke mit den Krucken zwangsläufig an diesen Stangen an. Diese Maßnahme hat bewirkt, dass zahlreiche Krucken im Futtertrog oder im Bereich der Fütterung lagen, weil sie dort, wie beschrieben, beim Berühren der Stangen abgestreift wurden. Im letzten Jahr vor meiner Pensionierung fand ich so an die 80 Rehkrucken. Von einem meiner Nachfolger hörte ich, dass dieser nur mehr lediglich 7 Krucken gefunden hatte.

Ich legte in der Folge Schautafeln an und befestigte darauf die Abwürfe. Hier konnte man nun die Entwicklung eines Rehes vom Jahrling bis zum jagdbaren Bock genau analysieren. Natürlich war das nicht bei allen Böcken möglich, weil ja nicht immer alle Abwürfe gefunden wurden. Es bestand bei der Bejagung einzelner Böcke nun jedoch zusätzlich der große Vorteil, dass man den Bock und somit sein Alter genau kannte. Es kam daher kaum zu Fehlabschüssen.

Die oben angeführten Schautafeln wurden nach meiner Pensionierung dem Steirischen Jagdmuseum in Stainz übergeben. Sie stellen dort unter anderem einen Lehrbehelf für Jungjäger dar.

Kampf der Rehböcke

In einem jahrzehntelangen Jägerleben gibt es weitere Ereignisse, die man ganz einfach nicht vergisst.

Während der Rehbrunft vor etlichen Jahren erhielt ich den Anruf eines gut bekannten Landwirtes aus Mochl. Er teilte mir ganz aufgeregt mit, dass auf seiner Wiese zwei Rehböcke wie wild miteinander kämpfen würden. Ich fuhr so schnell wie möglich hin und traute meinen Augen nicht: Die beiden Böcke kämpften zwar nicht mehr, sie hatten sich aber gegenseitig mit ihren Krucken so verhakt, dass sie nicht mehr auseinanderkamen! Sie lebten aber noch und versuchten, verzweifelt und bereits merklich entkräftet, auseinander zu kommen, was ihnen jedoch nicht gelang. Mittlerweile war ein weiterer Bauer dazugekommen und wir versuchten zu dritt, die Böcke zu trennen. Wir schafften es ebenso nicht und waren für kurze Zeit zunächst wirklich etwas ratlos.

Dann aber rannte ich zu meinem Auto und holte einen Schraubenzieher. Jeder der beiden Bauern hielt einen Bock, während ich versuchte, mit Hilfe des Schraubenziehers die Böcke zu trennen. Mit größter Mühe und nach einiger Zeit gelang uns dies. Wir ließen die Böcke aus und sie sprangen sofort ab. Beide hatten diesen Kampf so überlebt! Ich konnte sie später immer wieder bestätigen. Einer der Böcke wurde ein Jahr darauf von einem Jagdgast erlegt.

Die Hüttenjagd am Hasenfeld

Die Hüttenjagd mit einem Uhu ist eine spannende und aufregende Jagd auf Krähen und Elstern. Ich übte diese Jagd mit unserem Wildmeister am Hasenfeld in der Nähe von Mochl aus. Eine große Anzahl von Krähen verübte immer wieder Schäden an den Heuballen der Landwirte. Es wurde daher an uns der Wunsch herangetragen, diese Krähen doch intensiver zu bejagen.

Ich war mit einem Falkner sehr gut befreundet. Dieser besaß einen Uhu für diese Jagd. Ich baute am Waldrand einen Schirm (ein gut getarnter Bodensitz), von welchem aus wir die Krähen bejagen konnten. Eine Jule für den Lock-Uhu wurde in einiger Entfernung aufgestellt und der Uhu darauf postiert.

Es dauerte nicht lange und die ersten Krähen stürzten sich auf den Uhu. Wir erlegten die eine oder andere Krähe. Die übrigen wurden immer zorniger, da sie der Meinung waren, der Uhu hätte ihre Kollegen getötet. Das waren aber natürlich wir - mit unseren Schrotflinten.

Wir Jäger hatten so ein interessantes Jagderlebnis - und die Bauern waren zufrieden. Diese Art der Bejagung wurde jedoch vor einigen Jahren verboten. Die Krähen wurden unter Naturschutz gestellt.

Eine Information für Nichtjäger: Eine Jule ist eine stangenförmige Sitzgelegenheit für Greifvögel. Diese beschriebene Art der Bejagung, hauptsächlich von Krähen, wurde Hüttenjagd bezeichnet. Sie wird heutzutage nicht mehr ausgeübt. Einerseits, weil es dafür eines Uhus bedarf, anderseits ist sie auch in Vergessenheit geraten. Außerdem wurde diese Jagd, wie bereits erwähnt, gesetzlich verboten. Sie wird jedoch bei der Prüfung zur Erlangung des Jagdscheines immer noch abgefragt.

Die Hegegemeinschaft Wildfeld

Die Rotwildhege im Revier Kaisertal ist auch ganz eng mit der Hegegemeinschaft Wildfeld und deren Zielen verbunden. Eine erfolgreiche Hege dieses Wildes ist nur im großen Verbund, also weitläufig und konstruktiver Zusammenarbeit mit den Nachbarjagden und -jägern möglich. Aus diesem Grund wurde die Hegegemeinschaft Wildfeld in den 50er Jahren des vorigen Jahrhunderts gegründet. Alle Mayr-Melnhof Reviere rund um den Reiting gehören zu dieser Gemeinschaft. Es wurde schließlich eine weit über Österreich hinaus international anerkannte jagdliche Erfolgsgeschichte.

Einige Details zu dieser Gemeinschaft: Die Gesamtgröße aller zusammengeschlossenen Reviere beträgt rund 45.000 ha. Es sind insgesamt 26 Reviere, die sich nördlich des Reitings über den Trofaiacher Gößgraben weiter über das Wildfeld und dem Stadelstein bis nach Eisenerz und in die Radmer erstrecken. Östlich erstreckt sich das Gebiet über die Bezirksgrenze von Leoben in den Bezirk Bruck an der Mur und in das Gebiet von Tragöß rund um die Sonnschienalm. Im Westen reicht die Gemeinschaft bis ins Liesingtal nach Mautern und weiter nach Kalwang.

Das Ziel war und ist die Hege von Gebirgs- oder Berghirschen - im Gegensatz zu den Auhirschen. Ein durchschnittliches Wildpretgewicht von 120 kg wurde angestrebt. Ein weiteres Ziel war und ist auch heute noch der richtige Altersaufbau der Hirsche. Gut veranlagte Hirsche sollen möglichst geschont und daher alt werden. Gründer war 1947 der Gutsbesitzer Baron Franz-Mayr-Melnhof.

Die Hegegemeinschaft Wildfeld veranstaltet im Frühjahr jährlich eine Abwurfstangenschau. Hier werden die Abwurfstangen der besten Hirsche aller beteiligten Reviere vorgelegt. Die besten hundert Hirsche werden nach dem Nadler-Punktesystem bewertet. Die Berufsjäger kennen die meisten Hirsche, die zum großen Teil auch einen Namen haben. *(z.B. der Hubertus, der Freche, der Kaisertaler etc.).* Es wird bei dieser Veranstaltung auch festgelegt, welcher Hirsch zum Abschuss freigegeben wird. Diese Hirsche dürfen in der darauffolgenden Schusszeit erlegt werden.

Die Hirsche halten sich natürlich nicht an Reviergrenzen und dürfen daher in jedem Revier der Hegegemeinschaft oder auch in Revieren, die nicht zur Hegegemeinschaft gehören, geschossen werden. Es hat aber auch die Behörde ein Wort mitzureden. Für jedes Revier gibt es einen Abschussplan. In diesem Plan wird die Anzahl und Klasse der zu erlegenden Hirsche festgelegt bzw. vorgeschrieben.

Unter uns Berufsjägern kam es schon manchmal zu heftigen Diskussionen, wenn ein falscher Hirsch erlegt wurde. Das passierte natürlich immer wieder. Jeder Hirsch schaut anders aus und man braucht von daher ein sehr gutes, ja fast fotografisches Gedächtnis.

Das richtige Ansprechen von Hirschen ist eine Gabe, die natürlich von Mensch zu Mensch unterschiedlich ausgeprägt ist.

Im Betrieb Mayr-Melnhof mussten bei einem „Hirschrapport" im Anschluss an die Hirschbrunft die Trophäen der erlegten Hirsche dem Gutsherrn vorgelegt werden. Bei einem falschen Abschuss wurde der jeweilige Berufsjäger vom Herrn Baron vor allen Anwesenden deshalb manchmal auch gerügt.

Die Rotwildjagd im Kaisertal

Im Mittelpunkt aller jagdlichen Aktivitäten im Kaisertal stand also für mich, gleich wie für meinen Vater, die Rotwildhege und damit verbunden natürlich auch die Rotwildjagd. Die Ziele waren, wie bereits erwähnt, von der Hegegemeinschaft Wildfeld vorgegeben.

Das Revier Kaisertal ist ein Mittel- bzw. teilweise Hochgebirgsrevier und ist auch heute noch bestens für die Hege des Rotwildes geeignet. Der Bergwald besteht hauptsächlich aus Schutzwald und hat eine geringere wirtschaftliche Bedeutung.

Die gewinnbringende Holzwirtschaft steht hier also nicht im Vordergrund. Die Jagd hat von daher also einen höheren Stellenwert als die Forstwirtschaft. Das gesamte Reitinggebiet ist als Rotwild-Kerngebiet ausgewiesen. Wie schon erwähnt wurde ein Jahr vor meiner Revierübernahme auch aus diesem Grund eine große Rotwildfütterung neu gebaut.

Die Rotwildeinstände befinden sich im Sommer in den Wäldern bis an die Waldgrenze unterhalb der saftigen Almwiesen. Im Herbst, Winter und Frühjahr steht das Rotwild weiter unten - naturgemäß im Einstand rund um die Fütterung.

Nach der Schneeschmelze im Frühjahr stehen dem Wild wieder zahlreiche Wiesen im Tal - unter anderem auch rund um das Jagdhaus - mit frischer Äsung zur Verfügung. Es passt dort einfach alles.

Es wurde mir also im Jahr 1990 eines der besten Rotwildreviere der Steiermark übergeben. Ich wollte dort weiterarbeiten, wo mein Vater aufgehört hatte. Die Ziele waren bekannt. Es sollte ein gesunder Rotwildstand mit starken, um nicht zu sagen - kapitalen Berghirschen weiter aufgebaut und gehegt werden.

Die eine oder andere Maßnahme unterschied sich aber von jenen meines Vaters. Ich legte größten Wert auf Ruhe im Revier! Vor allem aber auf Ruhe rund um die Fütterung und den angrenzenden

Äsungsflächen. Hier sollte und durfte nach Möglichkeit nicht geschossen werden!

Das Wild gewöhnte sich daran und wurde zunehmend zutraulich. Während der täglichen Fütterung kamen bereits die ersten Hirsche, Tiere und Kälber auf den Futterplatz. Sie hatten keine Angst, begannen mit der Futteraufnahme oder schauten mir bei der Fütterung zu. Ich sprach sie ständig laut an. Ich war mitten unter ihnen und sprach während meiner Tätigkeiten fortwährend mit ihnen! Offenbar lernten sie mich dadurch kennen und vertrauten mir. Es war unglaublich - fast wie im Märchen!

Für mich hatte das einen weiteren großen Vorteil. Ich lernte die Hirsche kennen und wusste ganz genau, wie alt die einzelnen Stücke waren. Die älteren und stärkeren Hirsche bekamen von mir einen Namen. Wie bereits erwähnt, ist das in der Hegegemeinschaft so üblich.

Nochmals die Information für Nichtjäger: Hirsche werden in drei Klassen eingeteilt. Hirsche der Klasse III sind Junghirsche vom vollendeten 2. bis zum 5. Lebensjahr. Hirsche der Klasse II, vom vollendeten 5. bis zum 10. Lebensjahr, bilden die Schonklasse. Hirsche der Klasse I ab dem vollendeten 10. Lebensjahr sind sogenannte „Erntehirsche“ und dürfen in Abhängigkeit des Abschussplanes erlegt werden.

Der Abschussplan wird von der Bezirkshauptmannschaft und dem Bezirksjägermeister gemeinsam mit den Revierinhabern jährlich festgelegt. Die zum Abschuss freigegebenen Stücke sollten erlegt und somit der Plan erfüllt werden.

In der Hegegemeinschaft Wildfeld sollten Erntehirsche erst ab einem Alter von 13 Jahren geschossen werden. Der Grund dafür ist einfach: Je älter diese guten Hirsche werden, desto öfter können sie sich vererben und ihre Gene weitergeben!

Einige Worte zum Abschuss von weiblichen und jungen Stücken – also Tiere und deren Kälber. Dieser Abschuss ist naturgemäß im Hochgebirge sehr schwierig bzw. teilweise gar nicht möglich.

Beim langen Transport im steinigen Gebiet wird das Wildbret beschädigt und unverkäuflich. Forststraßen für einen schonenden Abtransport erlegter Tiere sind im Reitinggebiet kaum vorhanden. Aus diesem Grund erfolgte ein Großteil des notwendigen Abschusses der Tiere und Kälber im Tal. Ich habe mich jedoch stets bemüht, diesen Abschuss, wenn notwendig, möglichst schonend zu erledigen.

Ich verwendete dafür ein Jagdgewehr mit Schalldämpfer. Das war zwar ursprünglich verboten, wurde aber trotzdem von mir und zahlreichen Berufskollegen verwendet. Das Wild sollte durch laute Knallerei nicht beunruhigt und versprengt werden. Dies hätte außerdem auch zu einem nicht notwendigen Energieverbrauch in der Notzeit der Tiere geführt.

Das Jagdgesetz wurde vor einigen Jahren zugunsten der schonenden Bejagung des Wildes novelliert und die Verwendung von Schalldämpfern nunmehr erlaubt. Die Erfahrungen und Anregung für diese Gesetzesänderung lieferten also wir Berufsjäger.

Es besteht noch ein großer Vorteil für die Bejagung des Kahlwildes im Tal. Hier sind die Rotwildrudel konzentriert und es ist daher leicht möglich, die älteren, schwächeren oder manchmal auch kranken Stücke für den Abschuss auszuwählen.

Es war ein Gesamtabschuss an Rotwild von rund 40 Stück jährlich zu erledigen. Das entsprach ungefähr dem Zuwachs. Der Wildstand sollte konstant gehalten werden.

Die jagdbaren Hirsche, also die Hirsche der Klasse II und der Klasse I, wurden ursprünglich von der Herrschaft, also den Gutsbesitzern und deren Gästen hauptsächlich während der Hirschbrunft bejagt und erlegt. In den späteren Jahren meiner Dienstzeit als Berufsjäger im Kaisertal wurden die Abschüsse an Abschussnehmern verkauft. Das waren hauptsächlich Industrielle aus Deutschland und deren Gäste. Die Jagd auf diese Hirsche erfolgte im ganzen Reitinggebiet, vor allem aber auf den Almen und im Umkreis der Brunftplätze.

Zur Rotwildhege, wie ich diese sah, gehörten im Revier auch Ruhegebiete abseits von touristisch genutzten Wanderwegen. Es sollte in diesen von mir vorgesehenen Revierteilen nicht geschossen und das Wild nicht beunruhigt werden. Die Tiere fühlten sich in diesen Zonen sicher und wohl.

Die Fütterung des Rotwildes erfolgt in der Steiermark ähnlich. Für mich war es besonders wichtig, diese Arbeit, welche mehrere Stunden dauerte, immer zur gleichen Zeit durchzuführen. Das Wild gewöhnte sich zunehmend an mich und wurde vertraut. Die Hirsche, Tiere und Kälber schienen mich zu kennen.

Nach Ende der Fütterungsperiode verstreuten sich die Tiere wieder in weitem Umkreis bis zu dreißig Kilometer. Im Herbst, nach der Hirschbrunft, kehrten die meisten Hirsche wieder zurück. Einige fehlten natürlich – es wurde „*Inventur*" gemacht.

Meine Hegemaßnahmen zur Rotwildbewirtschaftung führten zum Erfolg. In der Rangliste der besten Reviere der Hegegemeinschaft rangierte das Revier Kaisertal ganz vorne. So konnte ich zeitweise auf 12 jagdbare Hirsche mit einer Bewertung von jeweils über 200 Nadlerpunkten verweisen!

Die Gamsjagd am Reiting

Obwohl im Revier Kaisertal die Rotwildhege und -jagd für mich im Vordergrund stand, durfte auf die Gamsjagd nicht vergessen werden.

Im Sommer stellten sich auf den Reitingalmen von der Ruprechtin, über den Klauen weiter über die Kahlwandspitze und Grieskogel bis zum Gößeck mehrere hundert Gämsen ein. Gefüttert wurden die Gämsen nicht. Ich hatte jedoch rund 140 Salzlecken im Bergwald und in den Latschenfeldern. Diese „*Sulzen*“ wurden zumindest einmal jährlich – hauptsächlich im Frühsommer nach der Schneeschmelze – beschickt. Die Gämsen liebten das Steinsalz!

Die Gamsjagd war zwar körperlich sehr anstrengend, jedoch mit unendlich vielen schönen Jagderlebnissen verbunden. Das richtige Ansprechen der Gamsböcke und -geißen ist nicht ganz einfach. Ich kam oft mit großen Gamsrudeln zusammen und kein einziges zum Abschuss passendes Stück war dabei.

Es geht hier vor allem um das richtige Alter. Gamsböcke sollten nicht vor dem 10. Lebensjahr erlegt werden. Geißen sollten sogar noch älter sein. Die älteste Gamsgeiß, die ein von mir angeführter Jagdgast erlegt hatte, war sage und schreibe 20 Jahre alt! Sie musste auf Grund ihres hohen Alters also zahlreiche strenge Winter im Hochgebirge überlebt haben!

Wenn es mir gelang, einen extrem alten Gams zur Strecke zu bringen, erlebte nicht nur der Gast ein Glücksgefühl, sondern ein solcher Abschuss machte mich als Berufsjäger natürlich ebenfalls sehr stolz! Das war zwar nicht der Alltag, ist aber immer wieder geglückt. Ich konnte zeitweise aus einem Gamsbestand von 300 bis 400 Stück Gamswild auswählen. Wie ich jedoch höre, ist der Gamswildstand im Reitinggebiet derzeit stark rückläufig.

Ein Foto aus meinem Archiv erinnert mich an eine Lawinenkatastrophe, die hauptsächlich das Gamswild betraf. Im Lawinenkegel fand ich nach der Schneeschmelze die Überreste von 60 verendeten Gämsen!

Die Steinbockjagd am Reiting

Die Reitingwanderer erfreuen sich immer wieder über den Anblick von zahlreichen Steinböcken, Steingeißen und deren Kitzen. Diese Tiere sind sehr vertraut und werden kaum flüchtig. Man kommt daher zum Fotografieren bis auf wenige Meter an die Tiere heran. Das ist mit ein Grund, warum zahlreiche Touristen auf den Reiting wandern. Mit etwas Glück kann man große Steinbockrudel mit über 40 Stück auf kurze Distanz in den Anblick bekommen.

Die Entnahme von Steinböcken beschränkte sich in meiner Zeit als Berufsjäger auf wenige Tiere. Es wurde lediglich auf das Geschlechterverhältnis und die Altersstruktur geachtet. Der strenge Hochgebirgswinter führte immer wieder zu Verlusten unter dieser Wildart.

Es war für mich, wie auch bei allen anderen Wildarten, wiederum wichtig, vorrangig die alten oder kranken Stücke für den Abschuss auszuwählen. Es kamen so jährlich zwei bis drei kapitale Steinböcke zur Strecke. Der Transport der erlegten Stücke vom Reiting ins Tal war, wie man sich vorstellen kann, sehr schweißtreibend!

Erlegt wurden diese Böcke meistens von zahlenden Gästen aus Deutschland. Das ist ganz normal, denn der Jagdbetrieb verursacht hohe Kosten, die durch den Abschuss oder die Verpachtung des Revieres gedeckt werden mussten.

Axel und Arco - meine besten Jagdhunde

Zu einem Berufsjäger gehört natürlich auch ein Jagdhund. Im Laufe meiner über 40-jährigen Tätigkeit hatte ich natürlich mehrere Hunde.

Auf Axel, eigentlich Axel vom Sonnberg, kann und will ich in meinen Erinnerungen nicht vergessen. Es war ein Hannoverscher Schweißhund. Axel war mein bester Jagdhund. Er war auf Grund seiner besonderen Veranlagung überdies auch ein in Österreich nominierter Zuchtrüde.

Er war ein Spezialist bei Nachsuchen auf Wildtiere, die zum Beispiel durch einen Laufschuss, verletzt und flüchtig wurden. Das kommt leider immer wieder vor. Die angeschossenen Tiere gehen dann oft kilometerweit und können ohne Jagdhund nicht mehr zur Strecke gebracht werden.

Es hatte sich in der ganzen Steiermark, aber auch in Niederösterreich und Kärnten in Jagdkreisen herumgesprochen, dass dieser Hund bei der Nachsuche auf verletzte Wildtiere unglaubliche Erfolge vorweisen konnte. Ich wurde deshalb auch immer wieder zu Nachsuchen angefordert. Innerhalb von 2 Jahren konnte ich insgesamt 45 Nachsuchen erfolgreich beenden. 42 der flüchtig gewordenen Stücke wiesen einen Laufschuss auf und konnten dank Axel schließlich zur Strecke gebracht werden. Es dauerte oft sehr lange, bis ich nach dem Schuss zur Nachsuche angefordert wurde. Das bedeutete, dass ich hauptsächlich auf „*Kaltfährten*“ nachsuchen musste.

Leider ist dieser außerordentlich gut veranlagte Hund bereits nach 6 Jahren an der Dackellähmung erkrankt und musste eingeschläfert werden. Für mich war das damals wirklich ein Drama – ich hatte ein regelrechtes „*Familienmitglied*“, welches mir unendlich viel Freude bereitet hatte, verloren.

Mein zweiter außerordentlich talentierter Jagdhund war ein Deutscher Jagdterrier mit dem Namen Arco. Man konnte mit ihm sprechen und hatte dabei wirklich das Gefühl, dass er jedes Wort versteht!

Er saß oft mitten in einem Rudel Rotwild und rührte sich nicht. Als wenn es ihn einfach nichts anginge! Hatte ich jedoch eine Nachsuche, war er wie verwandelt! Er konnte jedoch - im Gegensatz zu Axel - nur auf „*warme*“ Fährten eingesetzt werden!

Eine Information für Nichtjäger: Von einer „warmen Fährte“ spricht man, wenn der Hund unmittelbar nach dem Schuss auf diese Fährte zur Suche angesetzt wird. Eine „kalte Fährte“ ist mindestens einen oder sogar manchmal bereits mehrere Tage alt.

Mein Archiv

Bereits in meiner Lehrzeit begann ich mit dem Fotografieren. Es wurde eine Leidenschaft für mich, die mich bis heute nicht losgelassen hat.

In meiner Zeit als Berufsjäger hatte ich begonnen, alle Abschüsse mit Gästen fotografisch zu dokumentieren, mit einem Kommentar und Datum zu versehen und in Fotoalben einzukleben. Ich führte diese umfassende Dokumentation bis zu meiner Pensionierung.

Auf diese Art und Weise entstand im Lauf der Jahrzehnte eine äußerst umfangreiche Sammlung an Fotoalben, die ich in einem sauber eingerichteten und sehr gut gesicherten Raum, meinem Archiv, gelagert habe.

Es ist mir so möglich, ehemaligen Jagdgästen, die vor Jahrzehnten bei mir gejagt hatten, auch im Nachhinein punktgenau Auskunft über ihren damaligen Abschuss geben zu können!

Die Aufsatz- und Tagebücher aus meiner Lehrzeit, auszugsweise in diesem Buch ersichtlich, befinden sich ebenfalls in diesem „Archiv".

Eine große Anzahl an Pokalen und ähnlichen Erinnerungsstücken, von meinen sportlichen Erfolgen stammend, sind auch hier aufbewahrt.

Die Geburtstagsfeier

Anlässlich meines 60-jährigen Geburtstages fand im Landgasthaus und Hotel Stegmüller in Schardorf eine stimmungsvolle Geburtstagsfeier statt. Ich erinnere mich sehr gerne an diese Feier! Es nahmen auch zahlreiche Ehrengäste daran teil.

Mag. Franz Voves und seine Gattin kamen und gratulierten mir zum Geburtstag. Es war für mich von daher schon eine große Auszeichnung, dass der damalige Landeshauptmann der Steiermark an meiner Feier teilgenommen hat!

Der bekannte ORF Sprecher Sepp Loibner übernahm die Moderation, sorgte für launige Sprüche und gute Unterhaltung. Musikalisch wurde die Feier damals vom Södingtal-Trio umrahmt.

Natürlich waren alle meine Verwandten und viele Freunde anwesend. Auch viele Berufskollegen waren unter den Gratulanten.

Der Buschenschank-Betreiber Manfred Leitner aus der Krumpen hielt eine lustige Ansprache. Nicht vergessen darf ich in diesem Zusammenhang auch meine Freunde Hans Gregorschitz und Rudi Tischhart. Mit ihnen verbindet mich eine jahrzehntelange Freundschaft. Es war alles in allem eine lang andauernde, sehr gelungene und fröhliche Feier!

Verbrecherjagd im Kaisertal

Als von der Behörde beeidete Aufsichtsorgane sind wir Berufs- und auch Aufsichtsjäger unter anderem für die Einhaltung der Ordnung in den Revieren zuständig. Stellvertretend für viele Einsätze, die mit der Beeidigung und dem Schutzdienst im Revier im Zusammenhang stehen, berichte ich über folgendes Ereignis:

Vor etwa 12 Jahren ereignete sich dieser Vorfall. Es fiel mir auf, dass der 7-jährige kapitale Hirsch namens „*Uranus*“ plötzlich nicht mehr zur Fütterung gekommen ist. Ich ahnte Schlimmes, da er gewöhnlich täglich und immer pünktlich gemeinsam mit vielen weiteren Hirschen gekommen war.

Heute – also viele Jahre später - weiß ich, dass er bei Nacht und Nebel mithilfe eines Scheinwerfers und eines Jagdgewehres mit Schalldämpfer erlegt und gestohlen wurde. Das wusste ich aber damals natürlich noch nicht. Meine Aufmerksamkeit war jedoch in dieser Zeit extrem gesteigert. Ich konnte nur schlecht schlafen, da mir diese Situation keine Ruhe ließ.

Eines Nachts, so gegen 03.00 Uhr, stellte ich fest, dass im Kaisertal offensichtlich ein Auto taleinwärts fuhr. Das war ungewöhnlich! Von meinem Schlafzimmerfenster aus hatte ich einen Überblick über diesen Revierteil. Es kam bei mir sofort der Verdacht auf, dass dies der Wilderer sein könnte.

Ich zog mich rasch an und fuhr ihm mit meinem Auto entgegen. Ich stieg aus und wollte den Fahrzeuglenker kontrollieren. Er gab jedoch Gas und raste davon. Dabei hatte er mich noch mit der Autotür gestreift. Auch das Wirtschaftsgebäude im Jagdhof hatte er beim Reversieren beschädigt. Es gelang mir aber noch die Autonummer zu notieren und den Polizei-Notruf anzurufen.

Es kamen daraufhin rund 15 Polizisten mit mehreren Fahrzeugen und einem Hund. Der Unbekannte hatte das Auto stehengelassen und war in den Wald davongelaufen! Es war aber stockfinster und die Beamten konnten ihn nicht mehr ergreifen – der flüchtige Fahrzeuglenker war vorerst entkommen!

Auf Grund des von mir notierten Kennzeichens wusste man nun aber, dass diese Person mit einem gestohlenen Fahrzeug unterwegs war und sich ins Kaisertal lediglich verirrt hatte. Die Polizei konnte diese Person später dann verhaften.

Mit dem Hirsch-Diebstahl, wie von mir ursprünglich eigentlich angenommen, hatte dieser Sachverhalt, wie sich herausstellte, letztendlich jedoch nichts zu tun!

Der Tod des Gutsbesitzers – meines Chefs

Ich war gerade einmal 2 Jahre lang Berufsjäger im Kaisertal als mich im Jahr 1993 die Nachricht vom Unfall meines Chefs, des Herrn Baron Dr. Franz-Mayr-Melnhof, erreichte. Er war in Italien bei Udine mit seinem Ferrari verunglückt. Einige Tage nach dem Unfall erreichte uns die Todesnachricht.

Ich war völlig fassungslos und tief erschüttert. Ich hatte immer ein ausgesprochen gutes Verhältnis zu meinem Chef gehabt. Er war überall anerkannt und sehr beliebt. Aber nicht nur das – er war auch ein weithin geschätzter Experte, was die Jagd- und Forstwirtschaft betraf! Die Steiermark hatte mit ihm eine wirklich großartige Persönlichkeit verloren!

Das Leben musste jedoch weitergehen und die Leitung des Betriebes wurde zunächst einem Gremium unter dem Vorsitz seines Vaters, dem Herrn Graf Dipl. Ing. Carl-Anton Goess-Saurau übergeben.

Der Unfalltod meines Vaters im Kaisertal

Wie in jedem Leben gab es leider weitere Ereignisse, die so nicht stattfinden sollten. So auch der Unfalltod meines Vaters im April 1996. Wenn Not am Mann war, half er mir immer wieder ehrenamtlich bei Arbeiten im Jagdbetrieb.

Ab Mitte Februar werfen die älteren und stärkeren Hirsche, bis in den April hinein die restlichen Hirsche, ihre Geweihe ab. Die Abwurfstangen liegen im Revier teilweise bei der Fütterung, aber auch im weiteren Umkreis im Einstand – das ist im Revier Kaisertal der steile felsendurchsetzte Bergwald. Ein Teil dieser Abwurfstangen muss gesucht werden. Bis auf wenige Ausnahmen werden meist auch alle gefunden.

Bei diesem sogenannten *„Geweichsuachen"* werden etliche Leute benötigt, daher nehmen oft auch Freunde und Verwandte daran teil. Es ist ja ein großer Revierteil abzusuchen! So auch am 28. April 1996. Mein pensionierter Vater nahm also ebenso an dieser Suche teil. Treffpunkt war, wie immer, beim Jagdhaus.

Wir besprachen kurz den Plan und begaben uns in den Wald. Im Abstand von ca. 20 m stellten wir uns auf und durchstreiften die Einstände. Die Felsen im Kaisertal, „*die Meiern*“ genannt, mussten umgangen oder überstiegen werden.

Plötzlich ertönten laute Schreie. Was war passiert? Mein Vater war ausgerutscht und abgestürzt! Er hatte sich dabei sehr schwere Verletzungen zugezogen.

Ich rannte so schnell ich konnte zum Jagdhaus und alarmierte die Einsatzkräfte. Da noch Schnee lag, montierte ich die Schneeketten am Traktor und fuhr so weit wie möglich zur Unfallstelle ins obere Kaisertal hinauf.

Als ich die Unfallstelle erreichte, konnte ich nicht mehr helfen. Unser Vater war seinen Verletzungen bereits erlegen. Es war für mich eine schreckliche Erfahrung. Der Tod hatte erbarmungslos und völlig unvorbereitet zugeschlagen! Mein Vater hatte sein Leben auf seinem so geliebten Berg, noch dazu bei der Ausübung einer jagdlichen Tätigkeit, gelassen.

Auch der herbeigeeilte Notarzt konnte nicht mehr helfen. Die Bergrettung transportierte den Leichnam schließlich hinunter ins Tal. Ich musste die traurige Mitteilung anschließend unserer Mutter überbringen und die Beerdigung organisieren.

Das Berufsjägerbegräbnis meines Vaters war ein besonderes Ereignis. Kollegen aus dem ganzen Land reisten an, um unserem Vater die letzte Ehre zu erweisen. Unter Berufsjägern kennt man sich. Lederhose, Steireranzug oder ganz allgemein Tracht ist bei solchen Ereignissen üblich.

Die meisten Kollegen und Jäger hatten einen Gamsbart und einen Bruch aus Tannenreisig am Hut. Natürlich nahmen auch viele Verwandte und Freunde teil. Es war eine regelrechte Menschenmenge beim Begräbnis anwesend.

Der Sarg wurde von Berufsjägerkollegen in die Kirche in Kammern und im Anschluss zum Grab getragen.

Es folgten Ansprachen des Gutsherrn Graf Dipl. Ing. Carl-Anton Goess-Saurau und des Bezirksjägermeister Dipl.-Ing. Jörg Rückert. Beide Herren würdigten die Erfolge meines Vaters. Vor allem seine Verdienste um die Rotwildbewirtschaftung in der Steiermark wurden besonders hervorgehoben. Herr Dipl.-Ing. Rückert sprach in einer sehr emotionalen Rede von einem „Heiligen Erbe“ welches uns mein Vater im Zusammenhang mit seinen jagdlichen Tätigkeiten im Kaisertal hinterlassen hatte. Er appellierte an mich, dieses Erbe in seinem Sinne weiter zu verwalten!

Die Jagdhornbläser der Gruppe „Gößeck“ begleiteten diese Begräbnisfeier und verabschiedeten sich am Grab schließlich mit dem Hornsignal „Jagd vorbei!“

Die Brüche wurden von den anwesenden Jägern von ihren Hüten genommen und anschließend in das offene Grab auf den Sarg meines Vaters gelegt.

Unerwartetes Ende

An dieser Stelle enden die Erzählungen, da Fritz Bachler am 14.11.2021 völlig überraschend verstarb.

Sicherlich hätten noch viele weitere Geschichten, sei es jetzt der legendäre Auftritt von Fritz bei der Fernsehshow von Barbara Karlich oder die Schilderung seiner vielen weiteren, meist wohl mit der Jagd im Zusammenhang stehender Erlebnisse im gegenständlichen Buch ihre schriftliche Dokumentation gefunden.

Was bleibt, ist die Erinnerung an einen Menschen und Jäger, der voller Leidenschaft und Emotion sein privates und berufliches Leben gelebt und bei allen, die ihn gekannt haben, einen starken, unvergesslichen Eindruck hinterlassen hat.

Gerhard Beck-Hochfellner

Schlusswort

Es war so nicht geplant. Als Schluss dieses Buches war mit Fritz vereinbart, dass er noch einige seiner originellsten Jagderlebnisse schildert. In seinem mehr als 40-jährigen Berufsjägerleben hätte er enorm viele interessante Jagderlebnisse erzählen können. Es ist leider nicht mehr dazu gekommen.

Ich habe mir viele Gedanken darüber gemacht, wie man dieses Buch nun beenden könnte. Nun habe ich mich entschlossen, einige seiner besonderen Eigenschaften nochmals hervorzuheben.

Dass er ein hervorragender Waidmann war, braucht nicht extra erwähnt zu werden. Besonders beim Ansprechen von Wildtieren war er außerordentlich schnell. Ein kurzer Blick - und schon wusste er Bescheid. Damit verbunden war auch die Schnelligkeit bei seinen jagdlichen und sportlichen Herausforderungen. Zögern und lange überlegen konnte er nicht – brauchte er auch nicht. Dies hat auch seine Rhetorik betroffen. Er hatte Situationen blitzschnell erkannt und darauf reagiert.

Sein enormer Ordnungssinn ist auch nochmals zu erwähnen. Wenn ich bei ihm eingetreten bin, hatte ich oft schon ein schlechtes Gewissen, ob ich mit meinen Schuhen wohl keinen Schmutz hinterlassen hatte. So war er einfach.

Im Revier musste natürlich auch alles penibel in Ordnung sein – genauso wie in seinen Fahrzeugen, bei seinen Jagdwaffen sowie seinem Haus und Garten. Denn wie schon im vorliegenden Buch mehrmals angeführt - für Schlamperei und Unordnung hatte er kein Verständnis!

Fritz unterstützte unzählige angehende Jungjäger bei ihren Prüfungsvorbereitungen in Theorie und Praxis. Leider aber konnte er sich nach seiner Pensionierung nicht von seinem Jagdrevier trennen. Er wohnte ja direkt an der Reviergrenze und beobachtete beinahe täglich die dortigen Entwicklungen nach seinem Ausscheiden. Viele seiner Freunde wollten ihn mit diesen oder ähnlichen Worten beruhigen: „Fritz das geht dich ja nichts mehr an!“ Es half alles nichts – er konnte einfach nicht loslassen.

Ich bedanke mich nun bei Fritz in meinem Namen und im Namen seiner vielen Freunde für die schönen Stunden, die wir mit ihm verbringen durften.

Waidmannsdank – Waidmannsruh!

Hans Mocharitsch